管理營養士 & 專業助產師教你

# 零負擔百變營養

# 副食品

監修
**伊東優子**（和光助產院院長 · 助產師）

料理監修
**櫻井麻**



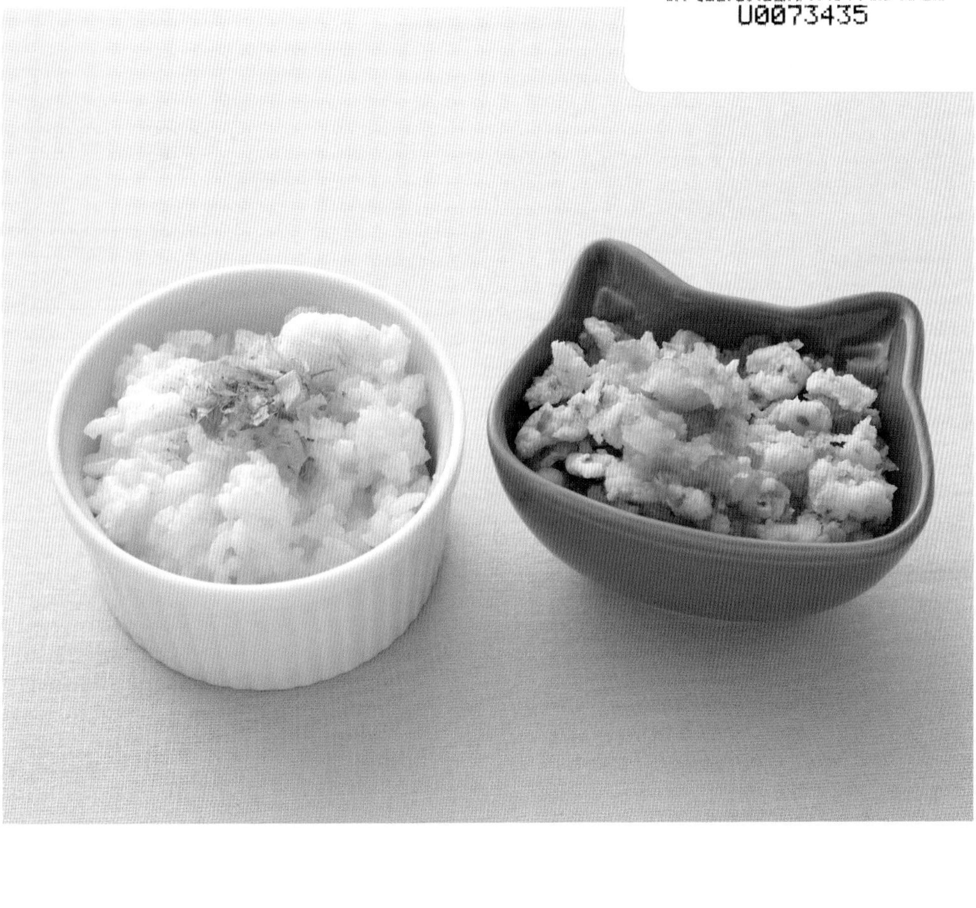

瑞昇文化

## 各副食品時期 能食用的食材・大小一覽表

下列一覽表統整了副食品期的寶寶能食用什麼樣的食材，以及讓寶寶食用時的食材大小參考。
試吃完畢後打勾，就可以記錄初次食用的食材。

| 分類 | | 食材名 | 初期（5～6個月） | 中期（7～8個月） | 後期（9～11個月） | 結束期（1歲～1歲6個月） | 試吃完畢 |
|---|---|---|---|---|---|---|---|
| 碳水化合物 | 穀物類 | 米 | ○ 10倍粥 | ○ 5倍粥 | ○ 軟飯 | ○ 白飯 | |
| | 麵包類 | 吐司（切邊） | ○ 磨碎（麵包粥） | ○ 切碎（麵包粥） | ○ 撕成小塊 | ○ 條狀 | |
| | | 圓麵包 | ○ 磨碎（麵包粥） | ○ 切碎（麵包粥） | ○ 撕成小塊 | ○ 1cm寬/易抓取的大小 | |
| | 麵類 | 烏龍麵 | ○ 磨碎 | ○ 切末 | ○ 1cm長 | ○ 2～3cm長 | |
| | | 素麵 | ○ 磨碎 | ○ 切末 | ○ 1cm長 | ○ 2～3cm長 | |
| | | 義大利麵 | × | △ 切末 | ○ 1cm長 | ○ 2～3cm長 | |
| | | 通心粉 | × | △ 切末 | ○ 1cm長 | ○ 2～3cm長 | |
| | | 中式麵條 | × | × | × | ○ 2～3cm長 | |
| | 麥片類 | 燕麥片 | × | ○ 直接吃 | ○ 直接吃 | ○ 直接吃 | |
| | 根莖類 | 馬鈴薯 | ○ 磨碎 | ○ 切末 | ○ 1cm丁狀 | ○ 1～2cm丁狀 | |
| | | 地瓜 | ○ 磨碎 | ○ 切末 | ○ 1cm丁狀 | ○ 1～2cm丁狀 | |
| | | 芋頭 | ○ 磨碎 | ○ 切末 | ○ 1cm丁狀 | ○ 1～2cm丁狀 | |
| 維生素・礦物質 | 蔬菜 | 高麗菜 | ○ 磨碎 | ○ 切末 | ○ 切粗末 | ○ 1cm方形 | |
| | | 白菜 | ○ 磨碎 | ○ 切末 | ○ 切粗末 | ○ 1cm方形 | |
| | | 萵苣 | △ 磨碎 | ○ 切末 | ○ 切粗末 | ○ 1cm方形 | |
| | | 菠菜 | ○ 磨碎 | ○ 切末 | ○ 切粗末 | ○ 1cm方形 | |
| | | 小松菜 | ○ 磨碎 | ○ 切末 | ○ 切粗末 | ○ 1cm方形 | |
| | | 青江菜 | △ 磨碎 | ○ 切末 | ○ 切粗末 | ○ 1cm方形 | |
| | | 水菜 | × | △ 切末 | △ 切粗末 | ○ 1cm寬 | |
| | | 豆苗 | × | × | ○ 切粗末 | ○ 1cm寬 | |
| | | 韭菜 | × | △ 切末 | ○ 切粗末 | ○ 1cm寬 | |
| | | 青花菜 | ○ 磨碎 | ○ 切末 | ○ 切粗末 | ○ 小朵 | |
| | | 花椰菜 | ○ 磨碎 | ○ 切末 | ○ 切粗末 | ○ 小朵 | |
| | | 綠蘆筍 | × | △ 切末 | ○ 切粗末 | ○ 1cm方形 | |
| | | 豆芽 | × | × | △ 切粗末 | ○ 5mm寬 | |
| | | 青蔥 | × | △ 切末 | ○ 切粗末 | ○ 1cm方形 | |
| | | 洋蔥 | △ 磨碎 | ○ 切末 | ○ 切粗末 | ○ 1cm丁狀 | |
| | | 胡蘿蔔 | ○ 磨碎 | ○ 切末 | ○ 切粗末 | ○ 1cm丁狀 | |
| | | 白蘿蔔 | ○ 磨碎 | ○ 切末 | ○ 切粗末 | ○ 1cm丁狀 | |
| | | 牛蒡 | × | × | △ 切末 | ○ 切粗末 | |
| | | 蕪菁 | ○ 磨碎 | ○ 切末 | ○ 切粗末 | ○ 1cm丁狀 | |
| | | 蓮藕 | × | × | △ 切末 | ○ 切粗末 | |
| | | 茄子 | × | △ 切末 | ○ 切粗末 | ○ 1cm丁狀 | |
| | | 番茄・小番茄 | ○ 磨碎 | ○ 切末 | ○ 切粗末 | ○ 1cm丁狀 | |
| | | 青椒 | × | △ 切末 | ○ 切粗末 | ○ 1cm丁狀 | |
| | | 彩椒 | × | △ 切末 | ○ 切粗末 | ○ 1cm丁狀 | |
| | | 南瓜 | ○ 磨碎 | ○ 切末 | ○ 切粗末 | ○ 1～2cm丁狀 | |
| | | 玉米 | △ 磨碎 | ○ 切末 | ○ 切粗末 | ○ 剝成粒狀 | |
| | | 小黃瓜 | ○ 磨碎 | ○ 切末 | ○ 切粗末 | ○ 5mm寬/條狀 | |
| | | 櫛瓜 | × | △ 切末 | ○ 切粗末 | ○ 1cm丁狀 | |
| | | 秋葵 | × | △ 切末 | ○ 切粗末 | ○ 切薄片 | |
| | | 豆角 | × | △ 切末 | ○ 切末 | ○ 切粗末 | |
| | | 軟莢豌豆 | × | △ 切末 | ○ 切末 | ○ 3mm方形 | |
| | 水果 | 香蕉 | ○ 壓碎 | ○ 壓碎 | ○ 將5mm寬的香蕉片切成4等分 | ○ 1cm寬片狀 | |
| | | 蘋果 | ○ 磨碎 | ○ 磨碎 | ○ 磨碎 | ○ 磨碎 | |
| | | 水梨 | ○ 磨碎 | ○ 磨碎 | ○ 磨碎 | ○ 磨碎 | |
| | | 草莓 | △ 磨碎 | ○ 切末 | ○ 切粗末 | ○ 1cm丁狀 | |
| | | 橘子（去薄膜） | ○ 磨碎 | ○ 切末 | ○ 將1顆分成2～3等分 | ○ 1顆 | |
| | | 甜瓜 | ○ 磨碎 | ○ 切末 | ○ 1cm丁狀 | ○ 1～2cm丁狀 | |

**記號的讀法**

○…… 將食材處理成適合各時期的大小，煮軟之後就能吃
△…… 觀察情況從少量開始餵寶寶吃
×…… 由於不易消化、難以咀嚼等原因還不能吃

| 分類 | | 食材名 | 初期（5～6個月） | 中期（7～8個月） | 後期（9～11個月） | 結束期（1歲～1歲6個月） | 試吃完畢 |
|---|---|---|---|---|---|---|---|
| 維生素・礦物質 | 菇類 | 金針菇 | × | × | △ 切末 | ○ 切粗末 | |
| | | 鴻喜菇 | × | × | △ 切末 | ○ 切粗末 | |
| | | 生香菇 | × | × | △ 切末 | ○ 切粗末 | |
| | | 洋菇 | × | × | △ 切末 | ○ 切粗末 | |
| | 海藻類・乾貨 | 海帶芽 | × | △ 切末 | ○ 3mm方形 | ○ 切粗末 | |
| | | 鹿尾菜 | × | × | △ 切末 | ○ 切粗末 | |
| | | 海蘊 | × | × | △ 切末 | ○ 切粗末 | |
| | | 烤海苔 | × | × | △ 切碎 | ○ 1cm丁狀 | |
| 蛋白質 | 海鮮類 | 比目魚 | ○ 磨碎 | ○ 剁碎 | ○ 大略剁碎 | ○ 剁成一口大小 | |
| | | 鯛魚 | ○ 磨碎 | ○ 剁碎 | ○ 大略剁碎 | ○ 剁成一口大小 | |
| | | 鰈魚 | ○ 磨碎 | ○ 剁碎 | ○ 大略剁碎 | ○ 剁成一口大小 | |
| | | 鱈魚 | ○ 磨碎 | ○ 剁碎 | ○ 大略剁碎 | ○ 剁成一口大小 | |
| | | 劍旗魚 | × | △ 剁碎 | ○ 大略剁碎 | ○ 剁成一口大小 | |
| | | 鮭魚 | × | △ 剁碎 | ○ 大略剁碎 | ○ 剁成一口大小 | |
| | | 鰤魚 | × | × | ○ 大略剁碎 | ○ 剁成一口大小 | |
| | | 日本馬加鰆 | × | × | △ 大略剁碎 | ○ 剁成一口大小 | |
| | | 竹筴魚 | × | × | △ 大略剁碎 | ○ 剁成一口大小 | |
| | | 鯖魚 | × | × | △ 大略剁碎 | ○ 剁成一口大小 | |
| | | 秋刀魚 | × | × | △ 大略剁碎 | ○ 剁成一口大小 | |
| | | 沙丁魚 | × | × | △ 大略剁碎 | ○ 剁成一口大小 | |
| | | 鮪魚 | × | △ 剁碎 | ○ 大略剁碎 | ○ 剁成一口大小 | |
| | | 鰹魚 | × | △ 剁碎 | ○ 大略剁碎 | ○ 剁成一口大小 | |
| | | 蝦子 | × | × | × | ○ 5～7mm方形 | |
| | | 螃蟹 | × | × | × | ○ 5～7mm方形 | |
| | 海鮮加工類 | 魩仔魚乾 | ○ 磨碎 | ○ 切末 | ○ 3mm方形 | ○ 直接吃 | |
| | | 鮪魚罐頭 | × | △ 剁碎 | ○ 剝開 | ○ 直接吃 | |
| | | 柴魚片 | × | △ 弄碎 | ○ 大略弄碎 | ○ 直接吃 | |
| | | 櫻花蝦 | × | × | △ 切末 | ○ 大略切碎 | |
| | 肉類・加工肉類 | 雞柳 | × | △ 磨碎 | ○ 切末 | ○ 5～7mm方形 | |
| | | 雞胸肉 | × | △ 磨碎 | ○ 切末 | ○ 5mm方形 | |
| | | 雞腿肉 | × | △ 磨碎 | ○ 切末 | ○ 5～7mm方形 | |
| | | 豬腿肉 | × | △ 磨碎 | ○ 切末 | ○ 5mm方形 | |
| | | 瘦牛肉 | × | × | △ 切末 | ○ 5～7mm方形 | |
| | | 肝臟 | × | × | △ 切末 | ○ 5mm方形 | |
| | | 火腿 | × | × | × | △ 5mm方形 | |
| | | 培根 | × | × | × | △ 5mm方形 | |
| | 蛋・奶製品 | 水煮蛋 | △ （只有蛋黃）泥狀 | ○ 切末 | ○ 切粗末 | ○ 切成4等分 | |
| | | 牛奶 | × | △ 加熱 | △ 加熱 | ○ 直接吃 | |
| | | 茅屋起司 | × | △ 直接吃 | ○ 直接吃 | ○ 直接吃 | |
| | | 起司粉 | × | × | △ 直接吃 | ○ 直接吃 | |
| | | 原味優格 | × | ○ 直接吃 | ○ 直接吃 | ○ 直接吃 | |
| | 豆類・豆類加工品 | 無調整豆漿 | × | △ 加熱 | △ 加熱 | ○ 直接吃 | |
| | | 豆腐 | △ 磨碎 | ○ 壓碎 | ○ 1cm丁狀 | ○ 直接吃 | |
| | | 高野豆腐（凍豆腐） | × | △ 磨碎 | ○ 磨碎 | ○ 切粗末 | |
| | | 油豆腐 | × | × | × | △ 切粗末 | |
| | | 納豆 | × | △ 碾碎 | ○ 碾碎 | ○ 直接吃 | |
| | | 毛豆 | × | × | ○ 切粗末 | ○ 切一半 | |
| | | 黃豆粉 | △ 直接吃 | ○ 直接吃 | ○ 直接吃 | ○ 直接吃 | |

●基本上食材大小指大人餵寶寶時的大小。副食品後期開始讓寶寶用手抓食物吃的時候，請處理成方便用手抓著吃的形狀。
●為了方便寶寶食用，請將水分含量少的食材花點心思增加濃稠度後，再讓寶寶吃。
●本表內容僅供參考。請配合寶寶的成長速度進行調整。

c o n t e n t s

# 本書的使用方法

本書將副食品時期分為初期・中期・後期・結束期等4個時期，並介紹適合各時期的食譜。初期後半段開始介紹可以輪流使用食材做成的3周食譜。

## 輪替食譜的閱讀方式

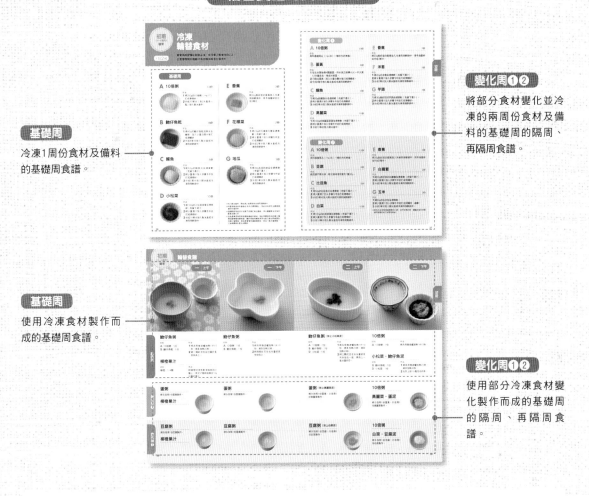

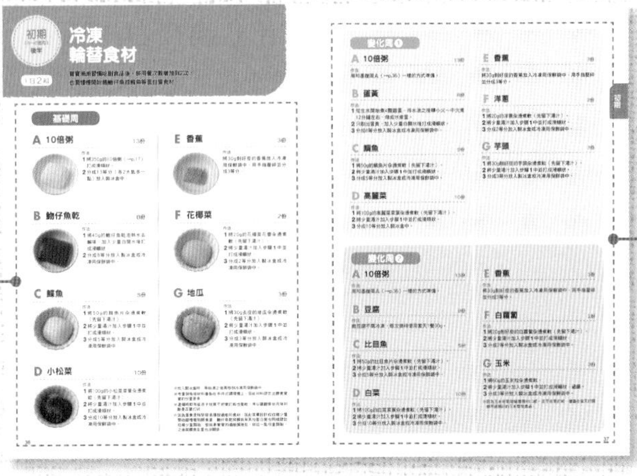


**基礎周**

冷凍1周份食材及備料的基礎周食譜。

**變化周①②**

將部分食材變化並冷凍的兩周份食材及備料的基礎周的隔周、再隔周食譜。

**基礎周**

使用冷凍食材製作而成的基礎周食譜。

**變化周①②**

使用部分冷凍食材變化製作而成的基礎周的隔周、再隔周食譜。

## 本書規則

- 本書中記錄的副食品的月齡和進行方式僅供參考。請配合寶寶的成長速度進行調整。
- 本書食譜對象為無食物過敏的寶寶。若經醫師診斷過敏，請遵循醫師指示。
- 1大匙為15ml，1小匙為5ml。
- 副食品食譜基本上是1餐的份量。
- 本書中所標記的「一匙」，代表副食品用湯匙的一匙份量。
- 微波爐的加熱時間以600W為參考基準。500W則加長1.2倍時間、700W則用0.8倍時間作為參考。
- 加熱時間僅供參考。依使用機種和食材量各有不同，因此請觀察情況後進行調整。
- 用微波爐加熱水分含量高的食品時，可能有急遽沸騰、飛濺的情況，因此請充分留意加熱時間。
- 本書中的「高湯」是使用昆布和柴魚片熬成的高湯。使用嬰兒食品的高湯粉也沒關係。

# 前言

有一件事想讓接下來要開始準備副食品的媽媽・爸爸先了解。
那就是對寶寶來說，吃東西這件事是需要練習的。
寶寶為了吃東西，必須做嘴巴、舌頭和下巴的動作練習。
請抱有剛開始寶寶不一定會大口吃東西的想法。

雖然因為寶寶很擅長喝母乳或配方奶，
到了開始吃副食品的月齡後，
就容易認為寶寶能自然地吃東西，但事實並非如此。
我也曾下過一番苦功。
寶寶不吃副食品的原因，
不一定是因為料理的味道或技巧不足。
寶寶會因為每天練習吃東西，
一點一點地熟悉嘴部動作，所以請不用擔心。

另外，吃副食品不只是為了取得營養而已。
通過吃副食品會影響寶寶嘴巴、舌頭與下巴的發展，
甚至也會大幅影響腦部與語言發展。
也有人說經常咀嚼可以刺激並活化腦部。
藉由副食品一點一點地進行咀嚼練習，
會對寶寶的將來發揮重要的作用。

每個寶寶的嘴巴、舌頭、下巴的發展各不相同。
請照著寶寶的步調慢慢地進行吧。
副食品時期總有一天會結束，就算剛開始不太順利、
進展不如預期，也不用擔心沒關係。
不要著急一步一步地進行下去吧。

和光助產院院長
伊東優子

Part 1

# 副食品的基礎知識

開始製作副食品前，讓我們先了解基礎的資訊。
本章整理了為什麼需要吃副食品、副食品的時期劃分與調理工具·
調理方法等，對於接下來開始準備副食品有幫助的資訊。

# 為什麼需要吃副食品？

副食品是所有寶寶的成長過程中不可或缺的東西。
開始準備副食品前，先來了解副食品對寶寶來說扮演著什麼樣的角色吧。

## 副食品的角色 1　練習從母乳、配方奶以外的地方獲取營養

伴隨著寶寶成長，光從母乳或配方奶中獲取營養是不夠的。吃副食品是為了補充缺乏的營養素和熱量，以及讓寶寶練習吃和大人一樣的食物。促進消化、吸收器官發展，並藉由吃副食品學會咀嚼，約過1年就可以和大人吃一樣的食物。

## 副食品的角色 2　熟悉食材的味道和口感

寶寶在副食品時期可以第一次體驗到吃到的食材味道與口感。在反覆體驗的過程中，除了從母乳和配方奶中感受到甜味、美味以外，也會逐漸熟悉酸味和苦味。藉由累積吃多種食材的經驗，與豐富的飲食生活連結。

## 副食品的角色 3　享受用餐並建立生活節奏

因為看到媽媽或爸爸開心、美味地享用餐點的樣子，寶寶會漸漸地感到對吃東西的興趣和樂趣。進入副食品後期開始用手抓食物吃，也可以培養自己吃東西的樂趣與對食物的熱情。另外，建立每天規律吃飯的習慣，可以打造生活節奏的基礎。

# 開始吃副食品之前

開始讓寶寶吃副食品前，先進行一些引導會更好。
請一邊與寶寶互動，一邊準備副食品吧。

## 吃副食品之前需要進行的準備

### 1 緩和寶寶被碰到臉或嘴唇時的抗拒

試著觸碰寶寶的臉頰、繞圈轉動或輕捏他的嘴唇吧。這是一種消除寶寶在吃副食品時抗拒把湯匙放入嘴巴的練習。因為經常觸碰會逐漸減輕寶寶對於湯匙碰到嘴唇的抗拒感。重點在於當作一種身體互動，愉快並保持笑容來進行。每個寶寶的反應都不一樣，當寶寶把臉扭開時，就不要勉強繼續。邊發出聲音說「嘴巴」、「臉頰」並同時觸碰，讓寶寶同時認知語言與動作的進行方式也可以。

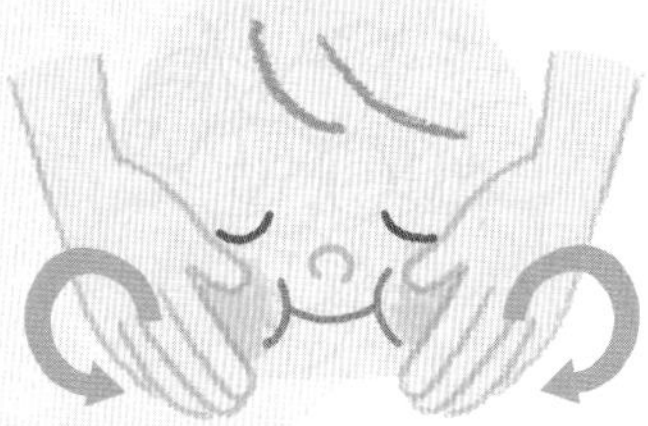

### 2 促進嘴巴與下巴、手腕與指尖的發展

每個寶寶進食時所必要的肌肉發展速度，各不相同。例如，喝母乳長大的孩子，因為吸乳房的動作經常使用下巴和舌頭；而喝配方奶長大的孩子，有時會則因為奶瓶的形狀很少活動下巴和舌頭。試著引導寶寶在不勉強的範圍內趴著玩遊戲吧。寶寶就算在脖子還沒長硬前，也會在趴著的狀態下提起頭或轉向旁邊。一般認為，這種運動會對嘴巴與下巴的發展帶來正面的影響。另外，把手放在地板，能讓原始反射消失，使手腕與指尖變得可以靈活活動，預期會對使用湯匙等工具的事前準備帶來正面效果。寶寶感到討厭時沒有必要勉強他，當作延伸遊戲來進行也可以。

# 開始吃副食品的時機

請仔細觀察看看寶寶的狀況，來決定開始吃副食品的時機。
確認以下打勾重點，如果符合的情況增加就是開始的信號。

## 開始吃副食品的參考確認表

### 脖子完全長硬了

從仰躺到慢慢抬起身體時，如果寶寶的頭變得會和身體一起抬起來，就可以當作脖子長硬了。

### 幫寶寶支撐著身體時，寶寶能夠短時間坐著

請確認從後方撐住身體的狀態下，寶寶是否能短時間維持住坐姿。

### 對大人的食物表示有興趣

請確認看看寶寶是否經常看大人在吃飯的樣子，或者有無伸手的動作。

### 即使用湯匙碰到嘴巴，也變得不會用舌頭推回去

請確認看看用湯匙輕輕地碰到寶寶的下嘴唇時，他是否做出用舌頭推回去的動作（吐舌反射）。

### 口水開始增加

要是感覺寶寶口水的量比之前增加，就是消化道功能發育完全的信號。不過是否容易流口水因人而異。

打勾項目僅供參考，不一定要全部符合，觀察狀況後再開始就沒問題。

# 需要注意的食材

有一些食材最好避免在副食品時期食用，並且需要特別注意餵食方式。
請牢記具代表性的食物，以及必須注意的理由。



## 副食品期最好避免食用的食物範例

✕ 蜂蜜
✕ 黑糖
✕ 銀杏

因為有生病或中毒的可能性，所以1歲以下禁止餵食蜂蜜・黑糖；3歲以下禁止餵食銀杏。

✕ 年糕
✕ 蒟蒻
✕ 杏鮑菇
✕ 蒟蒻果凍

因為有彈性、很難咬斷且容易卡住喉嚨，所以最好避免添加進副食品中。

✕ 生魚
✕ 花枝、魷魚等軟體動物
✕ 章魚
✕ 鱈魚卵
✕ 貝類

因為不利消化，且容易引發食物中毒，容易引起過敏等理由而需要避免的食品。

※因為牡蠣很軟，所以如果完全煮熟後，後期左右就可以開始吃。
※蛤蜊從結束期開始可以吃。

✕ 堅果類

因為油分高且容易卡住喉嚨，所以要避免。

✕ 含有大量鹽分、糖分、油脂、添加物等食品

請避免含有很多不利消化成分的食品。含量少時，請做去鹽或去油的處理，更方便寶寶食用。

### 關於食物過敏

所謂的食物過敏是指吃了特定食材後出現蕁麻疹、嘔吐或呼吸困難等症狀。餵寶寶吃初次嘗試的食材時請遵守右邊的規則，以便出現過敏症狀時迅速應對。依自我判斷迴避特定食材，或延遲吃副食品的時間，都對寶寶的健康不好。一般認為肌膚保濕也對預防寶寶過敏十分重要。如果家人有過敏的情況，或寶寶曾接受過敏診斷，請向熟識的專業醫師諮詢後再開始進行副食品。

#### 初次嘗試的食材的餵食方式

**1 初次嘗試的食材1天餵1次**

初次嘗試的食材，1天少量餵食1次，並且最好在醫院營業的上午時段餵食。像蛋白質等過敏風險高的食材則從極少量開始。

**2 仔細確認寶寶的狀況**

餵過副食品後，仔細觀察寶寶的狀況有沒有出現變化。如果出疹子、嘴唇腫起來，或者看起來呼吸困難的話，請馬上前往就醫。

# 副食品的進行方式

副食品大致分成4個階段。請配合寶寶的成長，
弄清楚每個副食品的階段，不必急著進行。

## 副食品的4個階段參考

### 初期（5～6個月左右）

**記住吞嚥食物的動作，熟悉口感與味道**

**副食品次數**

- 1天1次
- 習慣之後1天2次

**食材硬度參考**

- 不咀嚼就能吞下的滑順濃湯狀

**副食品與母乳・配方奶的比例**

- 1天進行5～6次哺乳，上午其中1次改成餵食副食品（習慣之後，下午再餵食1次）
- 飯後寶寶想喝母乳、配方奶時才餵

**寶寶的口腔發展**

- 用舌頭將放入口中的東西由前往後移動、吞嚥

**Point** 不必在意用餐的量，這是能讓寶寶稍微習慣副食品的重要時期。雖然剛開始寶寶容易從嘴巴「呸」出來，但是請不要氣餒，一點一點地餵吧。

### 中期（7～8個月左右）

**讓寶寶學會用嘴巴嚼、用舌頭壓碎食物**

**副食品次數**

- 1天2次

**食材硬度參考**

- 像是可以用手指輕易壓碎的嫩豆腐

**副食品與母乳・配方奶的比例**

- 1天進行5～6次哺乳，上午、下午其中1次改成各餵1次副食品
- 飯後寶寶想喝母乳、配方奶時才餵

**寶寶的口腔發展**

- 寶寶可以闔上嘴嚼食物、上下移動舌頭來壓碎食物

**Point** 讓寶寶不囫圇吞下、用舌頭壓碎食物後再吃，是一個需要謹慎進行的時期。每次在舌尖前半段的位置放上少量的食物，當食物不小心從嘴巴掉出時，試著將食物煮軟並減量看看。

### 副食品時期的月齡僅供參考

區分副食品時期的月齡僅供參考。沒有必要一到該月齡就馬上切換成副食品。另外，也不用急著一定要在1歲6個月之前結束副食品。每個寶寶的副食品進展各不相同，所以請配合寶寶和爸爸、媽媽自己的步調來進行，不要勉強加快速度。

## 後期（9～11個月左右）

### 學會用牙齦咀嚼，開始會想要自己吃

**副食品次數**

- 1天3次

**食材硬度參考**

- 像可以用手指壓碎的香蕉

**副食品與母乳、配方奶的比例**

- 1天進行3～5次哺乳當中，早、中、晚共餵食3次副食品
- 飯後寶寶想喝母乳、配方奶時才餵。不想喝的時候不餵也可以

**寶寶的口腔發展**

- 會左右移動舌頭、將食物放到牙齦咬碎

**Point** 對許多事物產生興趣，有時會無法專心用餐的時期。就算寶寶無法全部吃完，約用餐30分鐘就要停止。

## 結束期（1歲～1歲6個月）

### 學會用門牙咬，可以大口進食

**副食品次數**

- 1天3次
- 副食品之外，也可以再加給1～2次點心

**食材硬度參考**

- 像可以用牙齦咬的水煮蛋蛋白

**副食品與母乳、配方奶的比例**

- 早、中、晚共餵食3次副食品
- 若是還在哺乳期，餐後再餵母乳、配方奶。如果正在嘗試斷奶，可以在餐後餵牛奶或追奶

**寶寶的口腔發展**

- 用門牙咬食物、用後側牙齦咬碎食物

**Point** 點心不僅是餅乾等烘焙點心，也可以餵寶寶吃乳製品或水果等，補足三餐中未完全取得的營養也很好。

# 主要的調理工具・餐具

本頁介紹在調理副食品時使用的主要工具，還有方便冷凍的工具。
配合副食品進展，慢慢備齊自己喜歡的工具就可以。

## 調理副食品時使用的工具

有小尺寸的調理工具會更方便。
準備好可以輕鬆將食材磨碎或切末的工具，就能縮短料理時間。

### 小鍋

因為寶寶吃的量很少，要是有小鍋的話，用來汆燙或燉煮都很方便。

### 平底鍋

最好用小尺寸的平底鍋。建議用以氟素樹脂加工的平底鍋，就算沒倒油也不容易沾鍋。

### 量匙

含有可以測量1/4小匙等少份量的湯匙組很方便。

### 量杯

測量水或高湯時使用。如果用耐熱量杯，可以直接進微波爐使用很方便。

### 磨泥器

用於將食材磨泥。肉或麵包等水分少的食材，請在冷凍狀態下磨泥。

### 篩網

用湯匙按壓軟嫩食材過篩時使用。建議使用小尺寸的濾茶網。

### 磨缽棒、磨缽

用於磨碎軟嫩的食材。請選擇小尺寸磨缽。

### 食物調理機

用於將食材切末或切片。比用菜刀切更加輕鬆，所以很推薦使用。

### 手持式調理機

將食材磨碎成平滑狀時推薦使用的工具。比磨缽棒、磨缽更能輕鬆把食材磨碎。



※在調理時或餵食以前，大人試吃副食品的味道和確認溫度所使用的餐具，請和要給寶寶使用的餐具分開準備。

## 寶寶用的工具・餐具

最好先準備方便大人餵寶寶的工具，還有方便寶寶用餐的餐具。

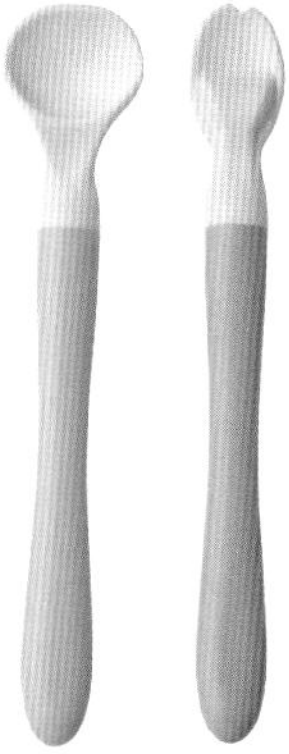

### 餵食湯匙

這種湯匙的特徵是為了讓大人方便餵寶寶，所以湯匙的柄很長。初期請選用匙面淺的湯匙，中期後半～後期則選用匙面深的湯匙。

幼兒用湯匙的匙面很深會造成囫圇吞嚥的原因，所以初期和中期時請避免使用。

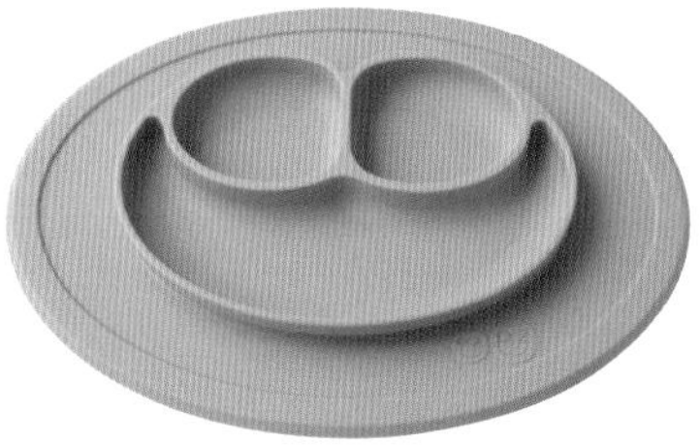

### 嬰兒用餐具

用止滑素材製成的副食品用餐具。寶寶不容易翻倒。

建議不要用卡通角色的餐具，而是使用沒有圖案的餐具，寶寶會比較能專心吃飯。

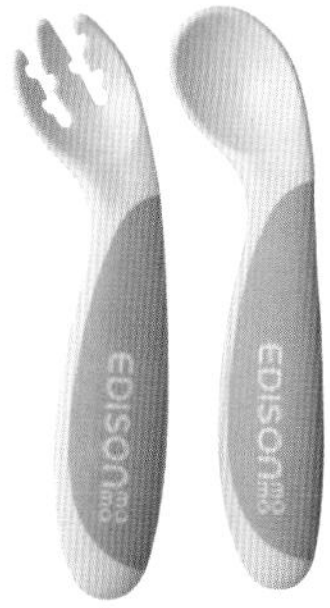


### 嬰兒用餐具

寶寶自己吃飯時使用的湯匙和叉子。

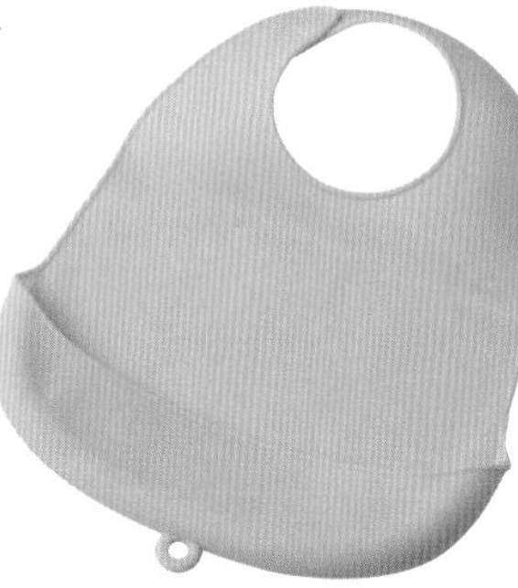

### 用餐圍兜

就算灑出食物也不會弄髒衣服的工具。附口袋的圍兜也比較不會讓食物掉到地板上。

## 冷凍時使用的工具

請準備符合食材形狀和寶寶食用量的保存容器。
進行調理器具和保存容器的衛生管理也很重要。

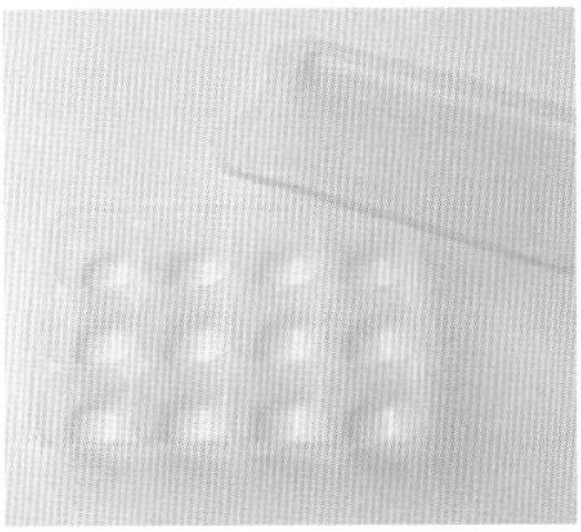

### 製冰盒

可以將做好的食材分成小份冷凍的工具。準備幾種不同尺寸會更方便。

### 保鮮膜

將食材包起冷凍、用微波爐解凍時使用。

### 分裝容器

後期或結束期時用餐量增加之後，就要準備好比製冰盒更大的容器。

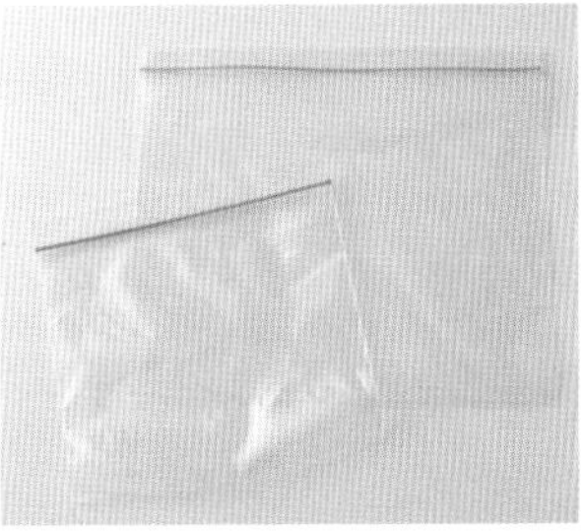

### 冷凍用保鮮袋

用於直接裝入泥狀食材、放入用保鮮膜包起來的食材並冷凍時。

# 基礎調理・食材備料

本頁介紹副食品常用的調理方法、白粥的製作方式與蔬菜類備料。

## 經常使用的調理方法

先來了解為了把食材處理成方便寶寶吃的狀態，
或者為了提升口感所經常使用的調理方法吧。

### 過篩

將煮軟的食材用湯匙壓在濾茶網等工具上，過篩成滑順的食物泥。用手持式調理機打也OK。

### 磨碎

用磨缽和磨缽棒將煮軟的食材磨碎。用手持式調理機打也OK。

### 磨泥

將有一定硬度的食材用磨泥器磨泥、磨碎。

### 稀釋

在如白肉魚等水分偏少的食材中，加水或高湯後更方便食用。

### 壓碎

除了可以用搗碎器壓碎汆燙過的馬鈴薯等食材以外，放入冷凍用保鮮袋中就能輕鬆用手壓碎。

### 剝開

要剝開汆燙過的魚肉等肉類時也一樣，放入冷凍用保鮮袋中就可以輕鬆用手剝開。

### 增稠

在初期、中期時特別為了要讓寶寶容易吞嚥，要添加有黏性的食材，例如磨成泥的馬鈴薯。

### 切末、切粗末、切丁

切末是指切成1～2mm的丁狀，切粗末是指切成3～4mm的丁狀。切丁是指切成1cm左右。使用食物調理機也OK。

# 白粥的製作方式

不同的副食品時期需要更換不同的水量來製作白粥。
一次一起煮約半杯米（75g左右），再冷凍備用就很方便。

## 副食品時期和白粥的種類參考

**初期**（5~6個月）

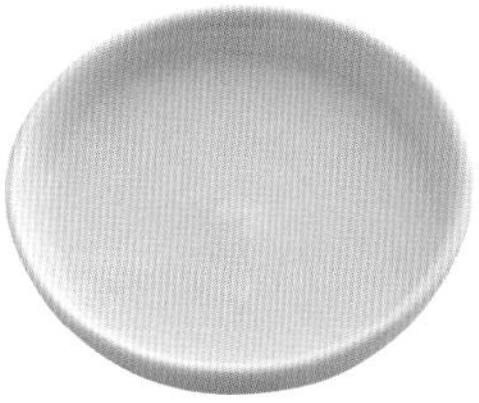

**10倍粥**

**中期**（7~8個月）

**5倍粥**

**後期**（9~11個月）

**軟飯**

**結束期**（1歲~1歲6個月）

**米飯**

## 白粥的水量參考

| | 10倍粥 | 5倍粥 | 軟飯 |
|---|---|---|---|
| 從米開始煮（米：水） | 1：10 | 1：5 | 1：2 |
| 從飯開始煮（飯：水） | 1：5 | 1：2 | 1：1 |

### 從米開始煮

在鍋中加入掏洗過的米和水後，靜置30分鐘以上。開中火，待水滾後轉文火，煮50分鐘左右。關火並蓋上蓋子蒸30分鐘左右。

### 從飯開始煮

在鍋中加入米飯和水，開中火。待煮滾後轉小火，煮20分鐘左右。關火並蓋上蓋子蒸20分鐘左右。

### 用微波爐煮（限軟飯）

將米飯和水放入耐熱容器中，蓋上保鮮膜並稍微留出空隙，用微波爐加熱約2分鐘，再繼續放置蒸10分鐘以上。

### 副食品初期前半要將食材打成滑順的泥狀

寶寶剛開始吃副食品的時候，因為寶寶還不會咀嚼，為了可以直接吞下食物而把粥做成泥狀。待10倍粥散熱之後，用手持式調理機打碎食物直到變得滑順為止，或是用磨缽和磨缽棒搗碎之後再過篩。

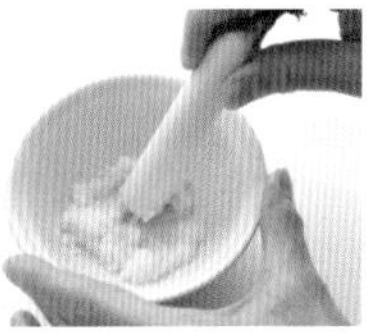

# 烏龍麵・吐司的調理

記住常作為主食來用的2種食材的處理方式吧。
不同副食品時期切的大小也會改變。

## 烏龍麵

（初期使用乾燥烏龍麵條。中期以後也可以使用冷凍熟烏龍麵）

煮烏龍麵時要用大量熱水，並且用比包裝標示的更長時間煮軟（初期是雙倍以上時間），再用流水仔細沖洗。配合各個副食品時期切成適合的大小（初期加入少量的水再打成滑順狀）。

**為了去除鹽分
泡水後去鹽**

因為烏龍麵中含有鹽分，汆燙起鍋後要用流水仔細沖洗、去鹽。素麵也是一樣的方式。

### 各個副食品時期的大小參考

**初期**（5~6個月）

泥狀

**中期**（7~8個月）

切末

**後期**（9~11個月）

1cm長

**結束期**（1歲~1歲6個月）

3cm長

---

## 吐司

（切邊）

將吐司切邊，撕成小塊（初期要磨成泥），放入鍋中。加入嬰兒奶粉或牛奶後煮軟。

※將1/2片吐司切成8片：用90ml配方奶或牛奶的比例製作。
※中期、後期將吐司切成方便寶寶直接吃的大小再餵也OK。

**事先冷凍吐司
就能方便磨泥**

因為初期要將吐司磨成泥後使用，切邊並事先冷凍的話，就能輕鬆將吐司磨成泥。

### 各個副食品時期的大小參考

**初期**（5~6個月）

麵包粥

**中期**（7~8個月）

麵包粥

**後期**（9~11個月）

切丁
（用手抓著吃）

**結束期**（1歲~1歲6個月）

條狀
（用手抓著吃）

# 食材備料

蔬菜要削皮、去籽後再使用。
另外，也請先掌握昆布與柴魚高湯的熬法。

## 蔬菜

### 削皮

基本上要使用削皮器、菜刀去除所有的蔬菜外皮。番茄皮則先劃下十字割痕，泡熱水後就能輕易剝除。

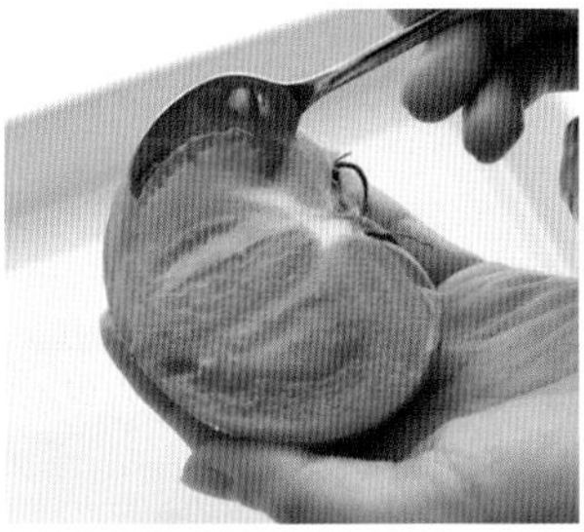

### 去籽

有籽的蔬菜基本上都要去籽。用湯匙挖除番茄籽。用湯匙柄挖小番茄的籽則會更容易取出。

### 去澱粉

將馬鈴薯、茄子、地瓜等蔬菜削皮、切塊之後，泡水去澱粉。

### 切除菜梗或堅硬的部位

要事先去除高麗菜菜梗、青花菜的莖等堅硬部位。葉菜類主要只用嫩葉，後期以前都不使用莖。

## 魚

### 去皮和去骨

將魚切片汆燙後仔細地去除魚皮和魚骨。剝開魚肉時也要確認是否還殘留魚骨。

## 油分或鹽分含量高的食品

### 去鹽

魩仔魚乾、鮪魚罐頭等鹽分高的食品，要放在濾茶網中來回淋上熱水去鹽。

## 高湯　昆布和柴魚高湯的熬法

材料

水…500ml
高湯昆布…1片（5g）
柴魚片…1把（5g）

作法

**1** 在小鍋中加入水和高湯昆布後，靜置30分鐘以上。

**2** 將步驟**1**開小火，在水快要滾開前關火、取出高湯昆布，再放入柴魚片。

**3** 再次開火，待水滾之後馬上轉小火並煮1分鐘，再關火靜置1分鐘。

**4** 在調理盆上放篩網，在篩網上鋪廚房紙巾並倒入步驟**3**過濾。過濾後不用擰乾廚房紙巾。

※副食品高湯不能使用含有大量鹽分或添加物的大人用高湯包。可以使用嬰兒食品中的高湯粉。

# 冷凍的基礎知識

本頁介紹冷凍的基礎內容。
慎重進行嬰兒副食品的衛生管理尤其重要。

## 冷凍的基礎規則

為了能安全進行冷凍，請遵守以下9個基本規則。
因為寶寶的抵抗力弱，為了不滋生雜菌，必須比做大人料理時更加小心。

### 1 趁新鮮調理

魚、肉、蔬菜等買好的食材要盡量趁早調理並冷凍。

### 2 工具、容器要維持清潔

仔細清洗並晾乾調理工具和保存容器。生肉、生魚與蔬菜用的菜刀和砧板要分開使用。

### 3 加熱後再冷凍

食材加熱後再冷凍。特別是肉和魚要避免在生的狀態下冷凍。

### 4 冷凍前先完全放涼

為了不滋生雜菌，冷凍前要擺在方盤上等待完全散熱。

### 5 不要混用料理筷

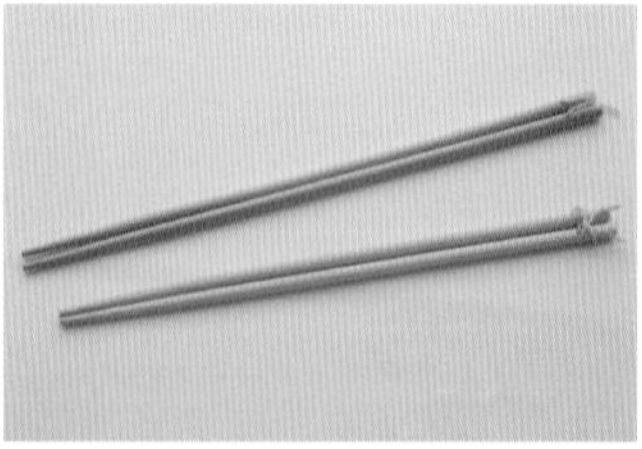

準備用於不同調理工序和試吃用的料理筷，請盡量不要混用。

### 6 分裝好每餐的份量

為了能取出每餐份量使用，請事先分裝成小份到製冰盒等工具中冷凍。

### 7 密封保存

將副食品放入附夾鍊的冷凍用保鮮袋，或可以密封的保存容器中，盡量排出多餘空氣。

### 8 不要二次冷凍

✕ 一旦解凍之後，將剩下的食材二次冷凍是NG的行為。

### 9 一周內使用完畢

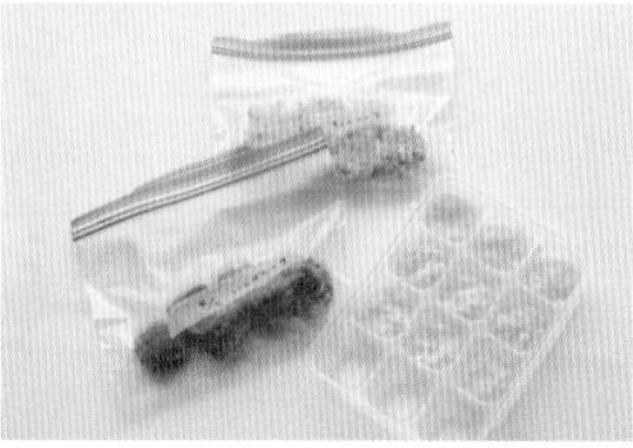

冷凍好的食材請盡量在1周以內使用完畢。

# 冷凍的秘訣

請配合食材形狀來決定冷凍方式。
重點在於遵守基本規則，以方便當天使用的方式來保存。

## 汆燙過的食材 要擦乾水分

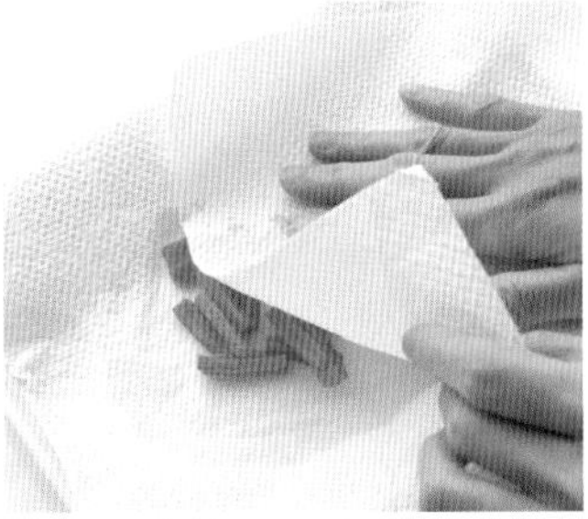

汆燙過的食材，要用廚房紙巾擦乾水分。

## 將量少的食物泥 壓出折痕後保存

將量少的食物泥放入冷凍用保鮮袋中鋪成扁平狀，再用料理筷等工具壓出折痕並冷凍。

## 水分少的食材 要用保鮮膜包起來

請將水分少的蔬菜分別用包鮮膜包起1餐的份量，再放入冷凍用保鮮袋中。

## 把高湯或湯 放入製冰盒中

像是烏龍麵之類的要和高湯一起冷凍的副食品則要使用製冰盒（大尺寸很方便）。

## 冷凍之後 移到保鮮袋中

用製冰盒冷凍的食材，等結凍之後移到冷凍用保鮮袋中，可以防止冷凍庫沾染食物味道。也方便清空製冰盒。

## 1餐份量增加之後 改放到分裝容器中

到了後期或結束期，軟飯或米飯等主食的份量增加後，請使用分裝容器。

## 記錄 冷凍的日期

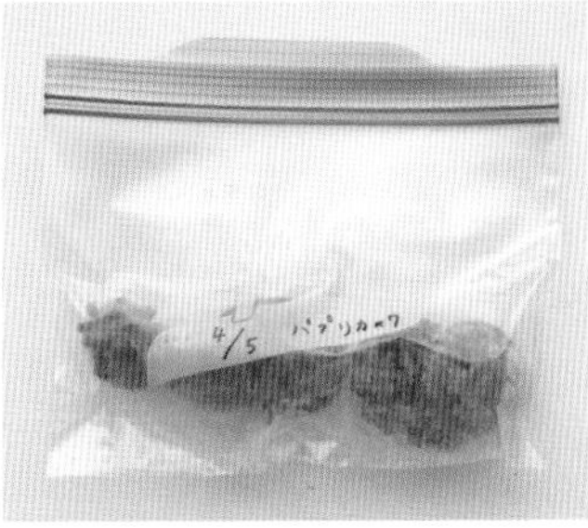

先在冷凍用保鮮袋上寫下日期，以便知道是什麼時候冷凍的食材。

## 使用鋁盤的話 冷凍效率UP

直接將食材放在冷凍用的鋁盤或方盤上冷凍的話，就可以快速冷凍。等結凍之後，再移到冷凍用保鮮袋中。

### 冷凍速度快 就能維持風味

縮短食材結凍的時間，就不會減損風味，更加美味。

# 解凍的秘訣

想讓冷凍食材變好吃，也有一些解凍的小秘訣。
先掌握以下的重點吧。

### 不要自然解凍

自然解凍冷凍食材容易滋生雜菌，所以是NG行為。

### 確認家中微波爐的瓦數（W）

本書中的解凍時間參考設定為600W。請確認欲使用的微波爐設定。

### 觀察狀況 調整加熱時間

快要到原訂加熱時間時，請打開微波爐確認並檢查是否溫度過高。

### 要吃之前 才加熱

請注意解凍後不要間隔太久時間才吃。一定要在用餐前解凍。

### 蓋上保鮮膜 並留出空隙

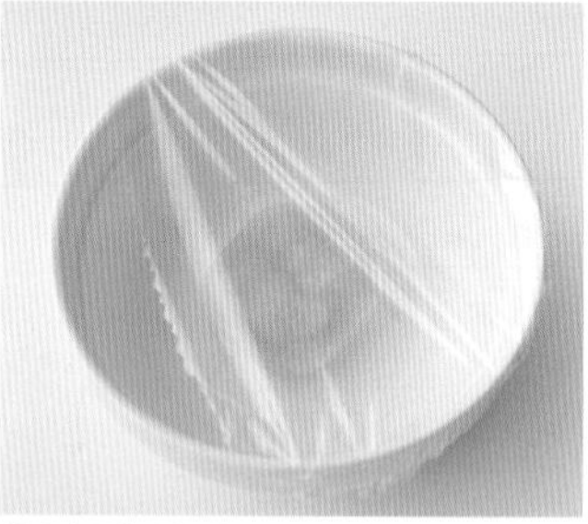

蓋保鮮膜時留出空隙、讓空氣流通，以防止破裂。

### 攪拌均勻 避免加熱不均

加熱後用湯匙攪拌均勻，避免加熱不均。

### 水分含量少的食材 要在加熱前加水

容易乾燥的食材，請淋上少量的水之後再加熱。

### 試吃用的湯匙 要區分使用

為了預防蛀牙，像是用來確認解凍狀況、大人在試吃時使用的湯匙，請和寶寶用的湯匙區分。

### 放在鍋中少量解凍 NG

✕ 因為副食品的量很少，放在鍋中解凍水分會因此流失，所以請避免。

# 分裝副食品的基礎知識

本書的頁尾（→p.124）也會介紹從大人用的食譜分裝食材後，
製作副食品的點子。本頁要來學習基礎規則。



## 分裝副食品的基礎規則

從分裝副食品的角度來思考大人的食譜時，要回想副食品的重點，
並注意食材的種類、硬度、調味等再來製作。

### 1 確認是不是寶寶可以吃的食材

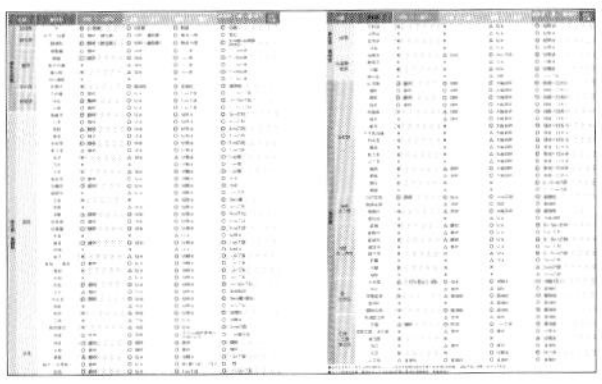

能食用的食材、大小一覽表（→p.2）

首先請確認要使用的食材是不是寶寶可以吃的食材。請運用可以食用的食材、大小一覽表。不能吃的食材要研究一下是否對應第4點。

**適合分裝成副食品的料理・燉菜**

- 煮物
  （咖哩、關東煮、濃湯等）
- 湯品
  （湯、味噌湯等）

**不適合分裝成副食品的料理**

- 炒菜
- 炸物
- 其他，例如使用很多油的料理

### 2 大人用的料理也會煮得比平常軟

因為要在調理進行到一半時取出寶寶用的食材，所以大人最後吃到的食材成品會比平常煮得更軟。

### 3 在調味前分裝

因為寶寶不能吃大人用的調味或調味料，所以請在調味前分裝。

### 4 之後再加入寶寶不能吃的食材

請在分裝完副食品用食材後，再加入寶寶還不能吃的食材。請事先確認食材是否最後加入也OK。

### 5 汆燙食材後要清潔切菜工具和雙手

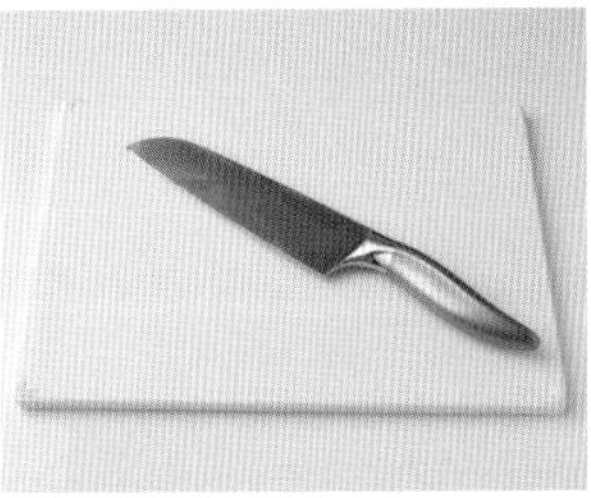

將切得比較大塊的大人用食材加熱分裝之後，請仔細輕洗要將食材切小塊時所使用的菜刀、砧板、雙手。

# 運用市售嬰兒食品

不方便自己做副食品的時候，運用能輕鬆使用的市售嬰兒食品也很好。
事先了解一下使用的秘訣吧。

## 何謂嬰兒食品

嬰兒食品是指配合寶寶的月齡調整食材大小、軟硬度和調味的市售副食品。有很多不同的種類，例如已經備好料的產品，或是已經調理好可以直接吃的產品。第一次自己做副食品時，也可以把嬰兒食品當作了解副食品的樣品來運用。

**嬰兒食品大致分成2種**

**乾式**

粉末狀、顆粒狀、碎片狀等固體且乾燥的類型。加入水或熱水、還原成原本的形狀之後就能吃。

**濕式**

液體或是半固體狀的類型。以料理完成狀態下的殺菌食品為主，其中有用微波爐加熱後食用的產品，也有能直接吃的產品。

## 嬰兒食品的聰明用法

要使用嬰兒食品的時候，請選擇配合寶寶發展時期的產品。

**! 大人要試吃、確認口感**

第一次使用的嬰兒食品，大人要先試吃、確認調味與軟硬度。

**! 檢查是否含有沒吃過的食材**

請注意並確認調理完畢的嬰兒食品，是否使用了寶寶沒吃過的食材以及餵食量。

**! 吃之前才開封，不餵寶寶吃剩下的食品**

盡量不要餵寶寶吃開封過一段時間的嬰兒食品，或後來又餵吃剩的嬰兒食品。

### 本書推薦的嬰兒食品運用方法

**1 外出時或旅行時替換1餐副食品**

外出或旅行等不方便自己做副食品的時候，換成餵寶寶吃嬰兒食品。

**2 使用只是備好料的嬰兒食品**

使用切成小塊並汆燙煮軟的蔬菜嬰兒食品，調味過後製作成副食品。

**3 稍微變化一下嬰兒食品** （→p.121）

在可以直接吃的嬰兒食品中，添加少量食材變化吧。

Part 2

# 各時期的
# 副食品食譜

分成初期・中期・後期・結束期的副食品食譜。
初期後半開始，會介紹
變化1周冷凍材料並製作成3周份菜單的便利輪替食譜。

初期
（5～6個月）
前半

# 本時期寶寶的狀況和食材參考份量

終於要開始準備副食品了。第一個目標是讓寶寶學會能像喝東西一樣地吞下食物。不如預期的時候，也請不要著急繼續進行。

## 可以吃的食材

從做成滑順糊狀的十倍粥開始。寶寶習慣之後，也可以挑戰蔬菜泥。因為蛋白質容易對初期造成負擔，所以進入初期後半再從極少量開始嘗試。

## 食材的軟硬度

剛開始為了讓寶寶容易吞嚥，要把食材做成滑順狀，像是加入水分用手持式調理機打勻，或者磨碎後仔細過篩。

## 發音參考

等到寶寶開始發出「媽」、「趴」、「巴」等發音時，就可以當作符合副食品初期的嘴部動作參考。

### 哺乳和副食品的1日行程範例

| | |
|---|---|
| 6：00 | 哺乳 |
| 10：00 | 副食品 →哺乳 |
| 13：00 | 哺乳 |
| 17：00 | 哺乳 |
| 21：00 | 哺乳 |

上午的其中1次哺乳改成餵副食品。飯後寶寶想喝母乳、配方奶時才餵。

## 副食品初期的建議

### 初期的副食品是吞嚥練習

首先，不是為了「吃」、「攝取營養」，而是將吃副食品的目的想成「吞嚥」練習和了解母乳、配方奶以外的新味道。雖然剛開始都會不太順利，但也沒關係。持續有耐心地練習很重要。

### 大人也要練習餵寶寶

這個時期寶寶的嘴部主要會讓舌頭前後活動，常從口中掉出食物，因此也需要用一點技巧來餵寶寶。餵寶寶吃東西時，如果媽媽或爸爸擺出嚴肅的臉伸出湯匙的話，寶寶也會嚇一跳，所以請不要忘了時常微笑。

## 單份食材份量參考

**碳水化合物**

冷凍熟烏龍麵：～10g
10倍粥：～2大匙

**維生素**

胡蘿蔔：～20g
菠菜：～20g

**蛋白質**

白肉魚：～10g
蛋黃：1顆
嫩豆腐：～30g

※不同食材寫的是一餐的參考份量。並不是將所有食材用在一餐當中。
※以上是開始吃副食品1個月左右的一餐食材份量參考。

## 餵副食品的方法

### 將寶寶抱在膝蓋上
### 將湯匙碰到嘴唇

請準備適合寶寶的嘴巴、匙面小且淺的湯匙。將寶寶抱在膝蓋上。

1 把湯匙放到寶寶的下唇上，等待寶寶自然張開嘴巴。
2 寶寶嘴巴張開後，將湯匙稍微放入嘴唇的內側。若是把湯匙放進嘴巴裡，就會不方便吞嚥，因此需要注意。
3 等待寶寶閉起嘴巴，閉上後輕輕地平行抽出湯匙。把湯匙向上抽出是NG行為。

初期
(5～6個月)

# 第1・2周 冷凍食材・食譜

1日1回

首先從一匙嬰兒湯匙的吞粥練習開始吧。
第2周開始也可以挑戰蔬菜泥！

## 第1周冷凍食材

### A 10倍粥

7份

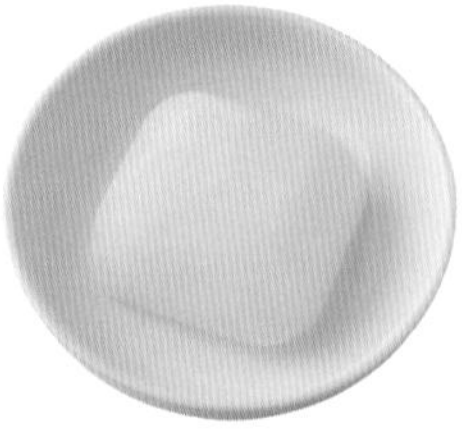

作法

1 將100g的10倍粥（→p.17）打成滑順狀。
2 分成7等分放入製冰盒中，以便能從一匙份量開始緩慢增加餵食量。

※結凍之後移到冷凍用保鮮袋中。
※考量到有些材料會黏在手持式調理機上，因此材料設定比餵食寶寶的份量更多。

## 第1周食譜

### 10倍粥

材料

A 10倍粥…1份

作法

將A用微波爐加熱50秒。餵一匙左右的份量。

## 第2周冷凍食材

### A 10倍粥

7份

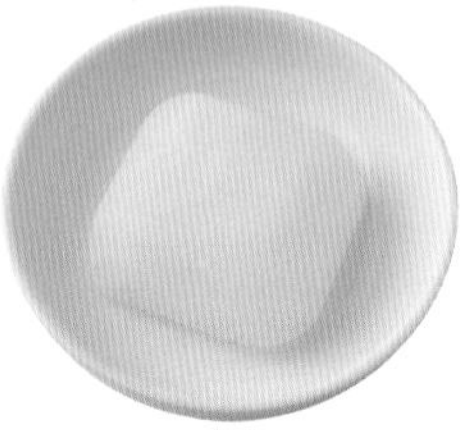

作法

1 將200g的10倍粥（→p.17）打成看不到顆粒的滑順狀。
2 分成7等分放入製冰盒中，以便從第1周餵的粥量開始緩慢增加餵食量。

## 第2周食譜

### 10倍粥・胡蘿蔔泥

材料

A 10倍粥…1份
B 胡蘿蔔泥…1份

作法

將A用微波爐加熱1分10秒，將B加熱30秒。從一匙份量開始慢慢增加A的餵食量，B則餵食一匙份量。

### 開始吃副食品的提示

剛開始吃副食品，寶寶以及爸爸、媽媽都會不斷感到困惑。或許也會經常發生寶寶不想吃努力做好的副食品等令人感到悲傷的事，但經過反覆練習後就可以漸漸繼續吃副食品。請不要勉強、不必著急，按照寶寶和自己的步調進行。

初期

## B 胡蘿蔔泥 4份

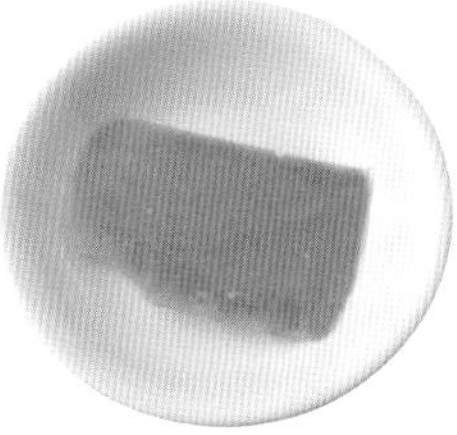

作法

1 將40g削好皮的胡蘿蔔切成1cm寬，汆燙煮軟（先留下湯汁）。

2 將少量湯汁加入步驟1中並打成滑順狀。

3 分成4等分放入製冰盒或冷凍用保鮮袋中。

## C 蕪菁泥 3份

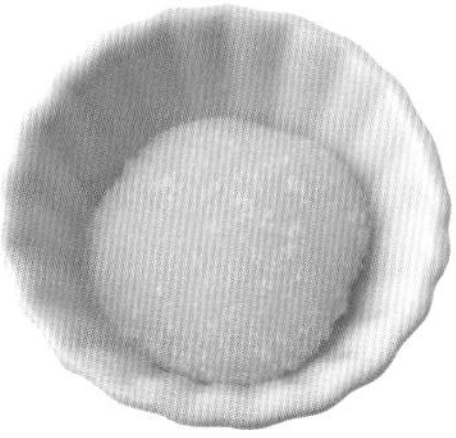

作法

1 將30g外皮已削乾淨的蕪菁切一半，汆燙煮軟（先留下湯汁）。

2 將少量湯汁加入步驟1中並打成滑順狀。

3 分成3等分放入製冰盒或冷凍用保鮮袋中。

## 10倍粥・蕪菁泥

材料

A 10倍粥…1份

C 蕪菁泥…1份

作法

將A用微波爐加熱1分10秒，將C加熱30秒。從一匙份量開始慢慢增加A的餵食量，C則餵食一匙份量。

### 緩慢增加白粥量 最後餵2大匙左右

請在不勉強寶寶的範圍內每天增加一點點白粥量。如果寶寶想吃，趁早開始增加份量也沒關係。要是寶寶都不太想吃，不用勉強增加份量也沒關係。以初期後半左右吃到2大匙的份量為參考基準。

初期
（5~6個月）
前半

# 第3周 冷凍食材・食譜

1日1回

從第3周開始增加各式各樣的食材。這個時期的目的是熟悉母乳和配方奶以外的食材，所以如果寶寶不想吃的話，不用勉強他吃也沒關係。

## 第3周冷凍食材

### A 10倍粥　7份

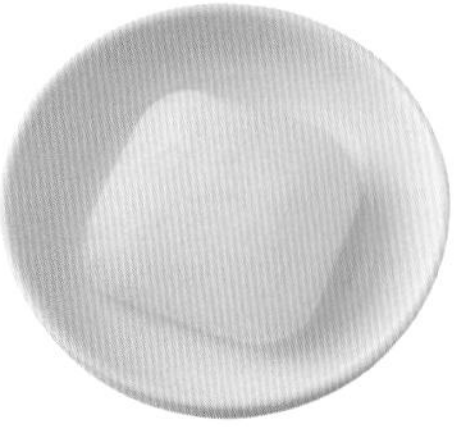

作法

**1** 將200g的10倍粥（→p.17）打成滑順狀。

**2** 分成7等分放入製冰盒中。

### B 南瓜　4份

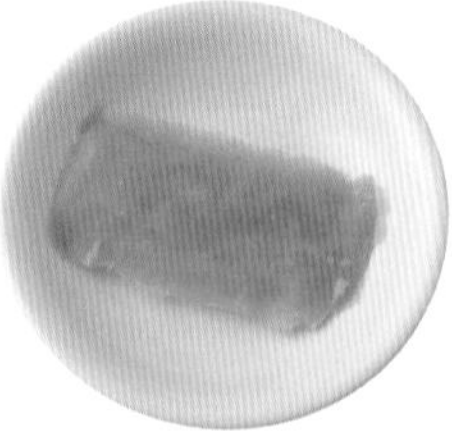

作法

**1** 將40g削皮、去籽、去除棉狀纖維的南瓜汆燙煮軟（先留下湯汁）。

**2** 將少量湯汁加入步驟**1**中並打成滑順狀。

**3** 分成4等分放入製冰盒或冷凍用保鮮袋中。

### C 高麗菜　3份

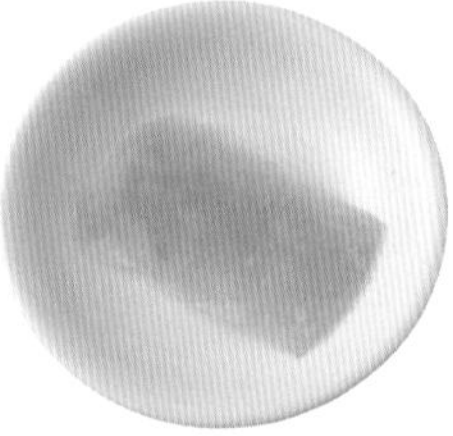

作法

**1** 將30g的高麗菜菜葉撕成小塊後，汆燙煮軟（先留下湯汁）。

**2** 將少量湯汁加入步驟**1**中並打成滑順狀。

**3** 分成3等分放入製冰盒或冷凍用保鮮袋中。

### D 蘋果　3份

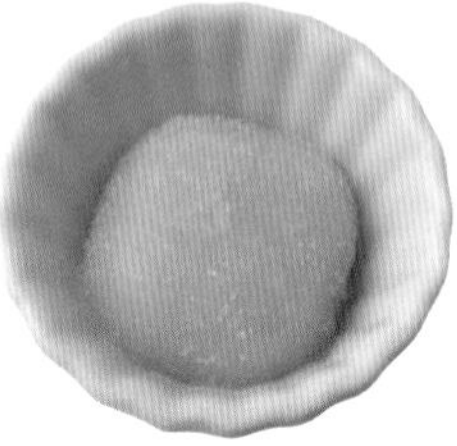

作法

**1** 將30g削好皮的蘋果汆燙煮軟（先留下湯汁）。

**2** 將少量湯汁加入步驟**1**中並打成滑順狀。

**3** 分成3等分放入製冰盒或冷凍用保鮮袋中。

### E 青花菜　3份

作法

**1** 將30g的花椰菜花蕾汆燙煮軟（先留下湯汁）。

**2** 將少量湯汁加入步驟**1**中並打成滑順狀。

**3** 分成3等分放入製冰盒或冷凍用保鮮袋中。

※要是放入製冰盒，等結凍之後移到冷凍用保鮮袋中。

※考量到有些材料會黏在手持式調理機上，因此材料設定比餵食寶寶的份量更多。

# 第3周食譜

## 南瓜粥

材料
**A** 10倍粥…1份
**B** 南瓜…1份

作法
**1** 將**A**用微波爐加熱1分10秒，將**B**加熱30秒。
**2** 將一匙份量的**B**放到**A**上。

## 高麗菜粥・南瓜泥

材料
**A** 10倍粥…1份
**B** 南瓜…1份
**C** 高麗菜…1份

作法
**1** 將**A**用微波爐加熱1分10秒，將**B**、**C**各加熱30秒。
**2** 將一匙份量的**C**放到**A**上。

## 蘋果粥・高麗菜泥

材料
**A** 10倍粥…1份
**C** 高麗菜…1份
**D** 蘋果…1份

作法
**1** 將**A**用微波爐加熱1分10秒，將**C**、**D**各加熱30秒。
**2** 將一匙份量的**D**放到**A**上。

## 青花菜粥・蘋果高麗菜泥

材料
**A** 10倍粥…1份
**C** 高麗菜…1份
**D** 蘋果…1份
**E** 青花菜…1份

作法
**1** 將**A**用微波爐加熱1分10秒，將**C**、**D**、**E**各加熱30秒。
**2** 將一匙份量的**E**放到**A**上。將**C**、**D**加在一起。

## 10倍粥・南瓜柳橙泥

材料
A 10倍粥…1份
B 南瓜…1份
柳橙…1/4顆

作法
1 將A用微波爐加熱1分10秒，將B加熱30秒。
2 將柳橙的皮削乾淨後放到小盤上，用叉子等工具壓碎並擰出一匙份量的果汁和B加在一起。

## 10倍粥・蘋果青花菜泥

材料
A 10倍粥…1份
D 蘋果…1份
E 青花菜…1份

作法
1 將A用微波爐加熱1分10秒，將D、E各加熱30秒。
2 將D、E加在一起。

## 青花菜粥・南瓜泥

材料
A 10倍粥…1份
B 南瓜…1份
E 青花菜…1份

作法
1 將A用微波爐加熱1分10秒，將B、E各加熱30秒。
2 將A、E加在一起。

副食品 初期 小Q&A

**Q 寶寶沒辦法冷靜下來讓我餵副食品**

**A 先餵一點奶之後再餵看看吧**

寶寶肚子太餓時，有時可能會很難冷靜下來。先餵一點奶之後，等寶寶冷靜下來再嘗試餵副食品吧。

初期
（5~6個月）
前半

1日1回

# 第4周 冷凍食材・食譜

到了第4周同樣從一匙份量開始嘗試新食材，請仔細觀察寶寶的喜好與吞嚥狀況，慢慢讓他習慣吃各式各樣的食物。



## 第4周冷凍食材

### A 10倍粥　4份

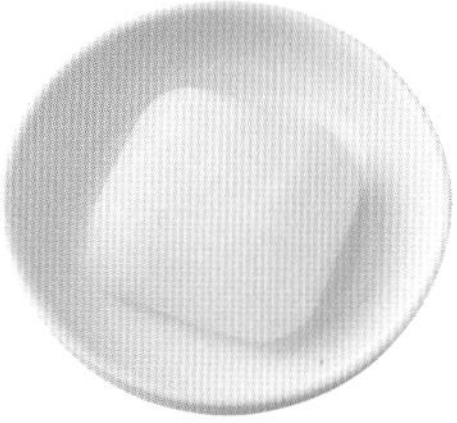

作法

**1** 將120g的10倍粥（→p.17）打成滑順狀。

**2** 分成4等分（各2大匙多一點）放入製冰盒中。

### B 烏龍麵　3份

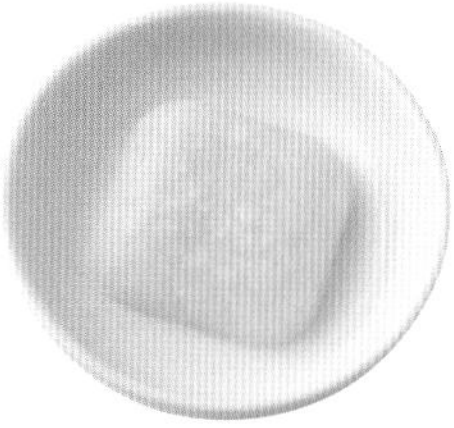

作法

**1** 將9g的烏龍麵（乾麵）用比包裝標示更長的時間煮熟，撈起後用流水沖洗。

**2** 將少量白開水加入步驟**1**中並打成滑順狀。

**3** 分成3等分放入製冰盒或冷凍用保鮮袋中。

### C 菠菜　2份

作法

**1** 將20g的菠菜菜葉汆燙煮軟，沖水後擰乾。

**2** 將少量的水加入步驟**1**中並打成滑順狀。

**3** 分成2等分放入製冰盒或冷凍用保鮮袋中。

### D 白菜　4份

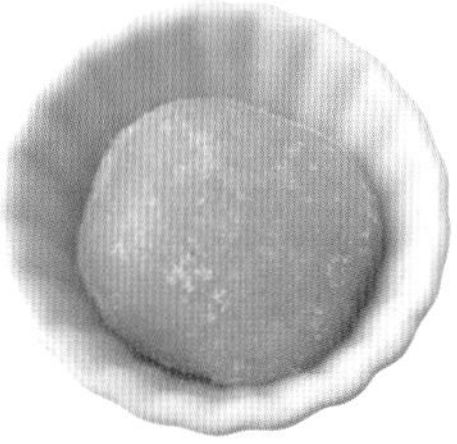

作法

**1** 將40g的白菜菜葉汆燙煮軟（先留下湯汁）。

**2** 將少量湯汁加入步驟**1**中並打成滑順狀。

**3** 分成4等分放入製冰盒或冷凍用保鮮袋中。

### E 馬鈴薯　3份

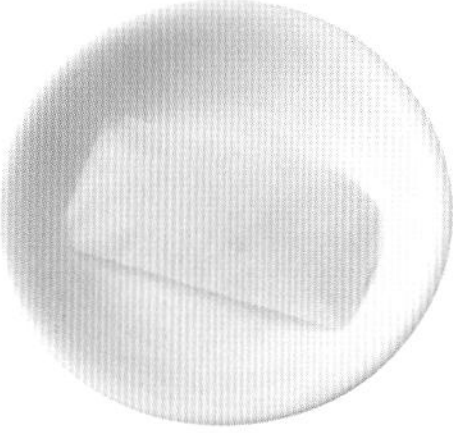

作法

**1** 將削好皮、去除芽點的30g馬鈴薯汆燙煮軟（先留下湯汁）。

**2** 將少量湯汁加入步驟**1**中並打成滑順狀。

**3** 分成3等分放入製冰盒或冷凍用保鮮袋中。

### F 番茄　4份

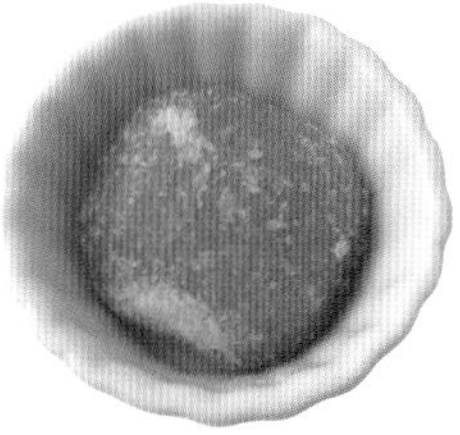

作法

**1** 將剝皮、去籽的40g番茄打成滑順狀。

**2** 分成4等分放入製冰盒或冷凍用保鮮袋中。

※放入製冰盒時，等結凍後再移到冷凍用保鮮袋中。

※考量到有些材料會黏在手持式調理機上，因此材料設定比餵食寶寶的份量更多。

※菠菜是很多寶寶不敢吃的食材。和馬鈴薯或烏龍麵等碳水化合物或和香蕉混合的話，寶寶就會比較容易吃。即便寶寶有一次不吃，也要改變組合再試試看。

# 第4周食譜

## 番茄粥

材料
A 10倍粥…1份
F 番茄…1份

作法
1 將A用微波爐加熱1分10秒，將F加熱30秒。
2 將一匙份量的F放到A上。

## 白菜粥・番茄泥

材料
A 10倍粥…1份
D 白菜…1份
F 番茄…1份

作法
1 將A用微波爐加熱1分10秒，將D、F各加熱30秒。
2 將一匙份量的D放到A上。

## 白菜馬鈴薯粥

材料
A 10倍粥…1份
D 白菜…1份
E 馬鈴薯…1份

作法
1 將A用微波爐加熱1分10秒，將D、E各加熱30秒。
2 將A、D加在一起。放上一匙份量的E。

## 白菜烏龍麵・馬鈴薯泥

材料
B 烏龍麵…1份
D 白菜…1份
E 馬鈴薯…1份

作法
1 將B用微波爐加熱1分10秒，將D、E各加熱30秒。
2 將一匙份量的B放到D上。

## 菠菜烏龍麵・番茄泥

材料
- B 烏龍麵…1份
- C 菠菜…1份
- F 番茄…1份

作法
1 將B用微波爐加熱1分10秒，將C、F加熱30秒。
2 在B上放C。

## 10倍粥・馬鈴薯菠菜泥

材料
- A 10倍粥…1份
- C 菠菜…1份
- E 馬鈴薯…1份

作法
1 將A用微波爐加熱1分10秒，將C、E各加熱30秒。
2 在C上放E。

## 白菜番茄烏龍麵

材料
- B 烏龍麵…1份
- D 白菜…1份
- F 番茄…1份

作法
1 將B用微波爐加熱1分10秒，將D、F加熱30秒。
2 在B上放D、F。

## 副食品 初期 小Q&A

**Q 進行得不順利時，可以中斷副食品嗎？**

**A 就算寶寶沒有全部吃完，還是請每天持續餵副食品**

寶寶不吃的時候，沒必要勉強他全部吃完。當他不吃的那一刻，就可以結束當天用餐。但還是請每天持續餵食副食品。當寶寶的身體不舒服或發燒時，中斷副食品一段時間也沒關係。請向醫師諮詢重新開始餵副食品的時機。

初期
（5～6個月）
後半

1日2回

# 冷凍輪替食材

寶寶漸漸習慣吃副食品後，將用餐次數增加到2次，
也要慢慢開始餵魩仔魚或鰈魚等蛋白質食材。

## 基礎周

### A 10倍粥　13份

作法

**1** 將350g的10倍粥（→p.17）打成滑順狀。

**2** 分成13等分（各2大匙多一點）放入製冰盒中。

### B 魩仔魚乾　8份

作法

**1** 將40g的魩仔魚乾泡熱水去鹹味，加入少量白開水後打成滑順狀。

**2** 分成8等分放入製冰盒或冷凍用保鮮袋中。

### C 鰈魚　5份

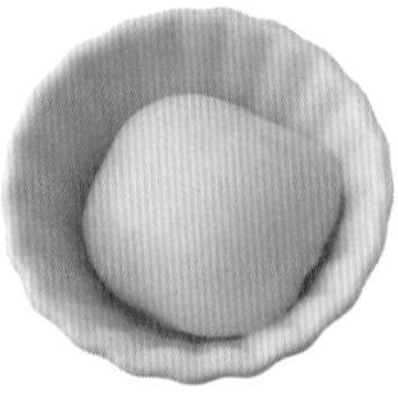

作法

**1** 將50g的鰈魚片汆燙煮軟（先留下湯汁）。

**2** 將少量湯汁加入步驟**1**中並打成滑順狀。

**3** 分成5等分放入製冰盒或冷凍用保鮮袋中。

### D 小松菜　10份

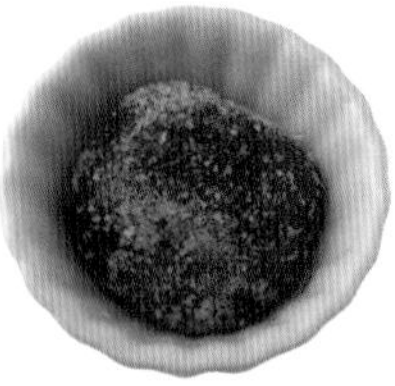

作法

**1** 將100g的小松菜菜葉汆燙煮軟（先留下湯汁）。

**2** 將少量湯汁加入步驟**1**中並打成滑順狀。

**3** 分成10等分放入製冰盒或冷凍用保鮮袋中。

### E 香蕉　3份

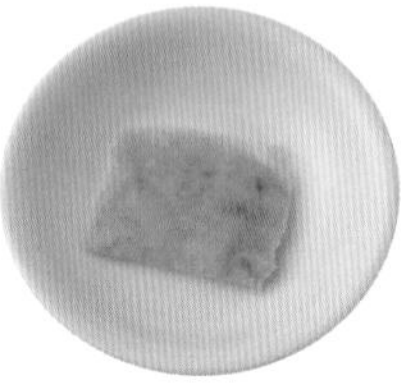

作法

將30g剝好皮的香蕉放入冷凍用保鮮袋中，用手指壓碎並分成3等分。

### F 花椰菜　2份

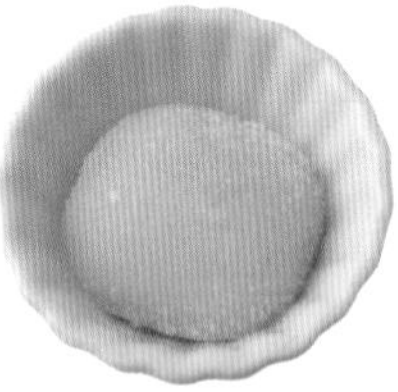

作法

**1** 將20g的花椰菜花蕾汆燙煮軟（先留下湯汁）。

**2** 將少量湯汁加入步驟**1**中並打成滑順狀。

**3** 分成2等分放入製冰盒或冷凍用保鮮袋中。

### G 地瓜　3份

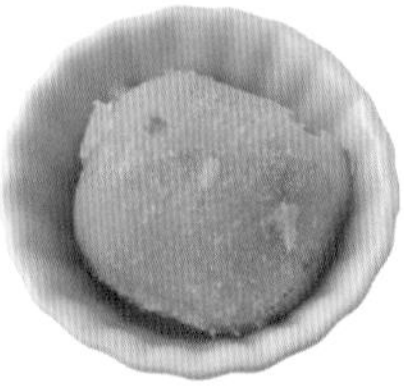

作法

**1** 將30g去皮的地瓜汆燙煮軟（先留下湯汁）。

**2** 將少量湯汁加入步驟**1**中並打成滑順狀。

**3** 分成3等分放入製冰盒或冷凍用保鮮袋中。

※放入製冰盒時，等結凍之後再移到冷凍用保鮮袋中。

※考量到有些材料會黏在手持式調理機上，因此材料設定比餵食寶寶的份量更多。

※這個時期有些孩子就算不把粥打碎也能吃，所以請觀察狀況後判斷是否要打碎。

※因為蛋黃是特別容易導致過敏的食材，因此菜單設計成從極少量開始緩慢增加餵食量。魩仔魚乾和鰈魚等其他蛋白質也同樣設計從極少量開始，但如果寶寶的過敏風險低，就從一匙份量開始，之後就餵食全量也沒關係。

## 變化周❶

### A 10倍粥 13份

作法
用和基礎周A（→p.36）一樣的方式準備。

### B 蛋黃 8份

作法
1 從生水開始煮4顆雞蛋。待水滾之後轉小火～中火煮12分鐘左右，做成水煮蛋。
2 只取出蛋黃，加入少量白開水後打成滑順狀。
3 分成8等分放入製冰盒或冷凍用保鮮袋中。

### C 鯛魚 5份

作法
1 將50g的鯛魚片汆燙煮軟（先留下湯汁）。
2 將少量湯汁加入步驟1中並打成滑順狀。
3 分成5等分放入製冰盒或冷凍用保鮮袋中。

### D 高麗菜 10份

作法
1 將100g的高麗菜菜葉汆燙煮軟（先留下湯汁）。
2 將少量湯汁加入步驟1中並打成滑順狀。
3 分成10等分放入製冰盒中。

### E 香蕉 3份

作法
將30g剝好皮的香蕉放入冷凍用保鮮袋中，用手指壓碎並分成3等分。

### F 洋蔥 2份

作法
1 將20g的洋蔥汆燙煮軟（先留下湯汁）。
2 將少量湯汁加入步驟1中並打成滑順狀。
3 分成2等分放入製冰盒或冷凍用保鮮袋中。

### G 芋頭 3份

作法
1 將30g削好皮的芋頭汆燙煮軟（先留下湯汁）。
2 將少量湯汁加入步驟1中並打成滑順狀。
3 分成3等分放入製冰盒或冷凍用保鮮袋中。



## 變化周❷

### A 10倍粥 13份

作法
用和基礎周A（→p.36）一樣的方式準備。

### B 豆腐 8份

作法
嫩豆腐不需冷凍，每次搗碎使用當天1餐30g。

### C 比目魚 5份

作法
1 將50g的比目魚片汆燙煮軟（先留下湯汁）。
2 將少量湯汁加入步驟1中並打成滑順狀。
3 分成5等分放入製冰盒或冷凍用保鮮袋中。

### D 白菜 10份

作法
1 將100g的白菜菜葉汆燙煮軟（先留下湯汁）。
2 將少量湯汁加入步驟1中並打成滑順狀。
3 分成10等分放入製冰盒或冷凍用保鮮袋中。

### E 香蕉 3份

作法
將30g剝好皮的香蕉放入冷凍用保鮮袋中，用手指壓碎並分成3等分。

### F 白蘿蔔 2份

作法
1 將20g削好皮的白蘿蔔汆燙煮軟（先留下湯汁）。
2 將少量湯汁加入步驟1中並打成滑順狀。
3 分成2等分放入製冰盒或冷凍用保鮮袋中。

### G 玉米 3份

作法
1 將60g的玉米粒汆燙煮軟。
2 將少量湯汁加入步驟1中並打成滑順狀、過篩。
3 分成3等分放入製冰盒或冷凍用保鮮袋中。

※因為玉米容易殘留薄膜的口感，且不容易打碎，建議在當天打開使用過篩好的玉米嬰兒食品。

初期
（5~6個月）
後半

# 輪替食譜

一 上午

一 下午

## 基礎周

### 一 上午

#### 魩仔魚粥

材料

A 10倍粥…1份

B 魩仔魚乾…1份

作法

1 將A用微波爐加熱1分10秒，將B加熱20秒。

2 將一顆紅豆左右份量的B放到A上。

#### 柳橙果汁

材料

柳橙…1/4顆

作法

將柳橙的皮削乾淨後放到小盤上，用叉子壓碎後擰出10g份量的果汁。

### 一 下午

#### 魩仔魚粥

材料

A 10倍粥…1份

B 魩仔魚乾…1份

作法

1 將A用微波爐加熱1分10秒，將B加熱20秒。

2 將兩顆紅豆左右份量的B放到A上。

## 變化周①

### 一 上午

#### 蛋粥

將B改用1份蛋黃製作。

#### 柳橙果汁

### 一 下午

#### 蛋粥

將B改用1份蛋黃製作。

## 變化周②

### 一 上午

#### 豆腐粥

將B改用1份豆腐製作。

#### 柳橙果汁

### 一 下午

#### 豆腐粥

將B改用1份蛋黃製作。

二：上午

## 魩仔魚粥（放上小松菜泥）

材料

A 10倍粥…1份
B 魩仔魚乾…1份
D 小松菜…1份

作法

1 將A用微波爐加熱1分10秒，將B加熱20秒，將D加熱30秒。
2 將三顆紅豆左右份量的B和A放在一起，再放上一匙份量的D。

## 蛋粥（放上高麗菜泥）

將B改用1份蛋黃、D改用1份高麗菜製作。

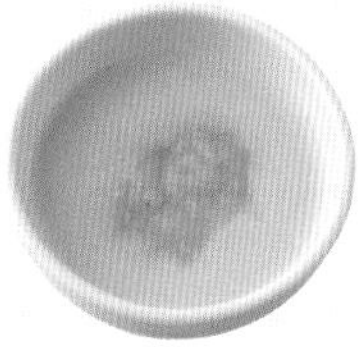

## 豆腐粥（放上白菜泥）

將B改用1份豆腐、D改用1份白菜製作。

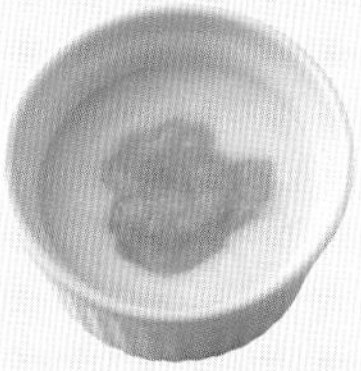

二：下午

## 10倍粥

材料

A 10倍粥…1份

作法

將A用微波爐加熱1分10秒。

## 小松菜・魩仔魚泥

材料

B 魩仔魚乾…1份
D 小松菜…1份

作法

1 將B用微波爐加熱20秒，將D加熱30秒。
2 在D上放1小匙左右的B。

## 10倍粥

## 高麗菜・蛋泥

將B改用1份蛋黃、D改用1份高麗菜製作。

## 10倍粥

## 白菜・豆腐泥

將B改用1份豆腐、D改用1份白菜製作。

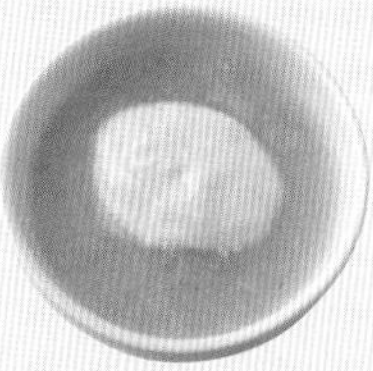

初期（5～6個月）後半

# 輪替食譜

三 上午

三 下午

基礎周

## 魩仔魚粥

材料
A 10倍粥…1份
B 魩仔魚乾…1份

作法
1 將A用微波爐加熱1分10秒，將B加熱20秒。
2 將A和B加在一起。

## 小松菜・香蕉泥

材料
D 小松菜…1份
E 香蕉…1份

作法
1 將D、E用微波爐加熱30秒。
2 在D上放1小匙份量的E。

## 小松菜粥

材料
A 10倍粥…1份
D 小松菜…1份

作法
1 將A用微波爐加熱1分10秒，將D加熱30秒。
2 將A和D加在一起。

## 香蕉泥

材料
E 香蕉…1份

作法
將E用微波爐加熱30秒。

變化周①

## 蛋粥

將B改用1份蛋黃製作。

## 高麗菜・香蕉泥

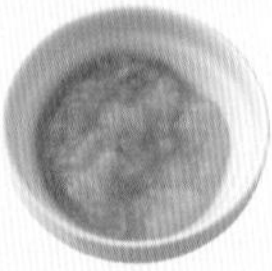

將D改用1份高麗菜製作（放上全部份量的E）。

## 高麗菜粥

將D改用1份高麗菜製作。

## 香蕉泥

變化周②

## 豆腐粥

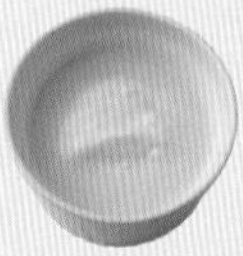

將B改用1份豆腐製作。

## 白菜・香蕉泥

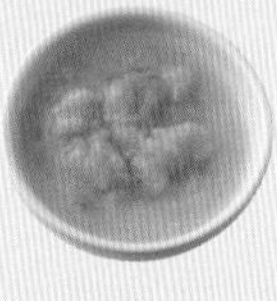

將D改用1份白菜製作（放上全部份量的E）。

## 白菜粥

將D改用1份白菜製作。

## 香蕉泥

## 小松菜粥（放上鰈魚泥）

材料
- A 10倍粥…1份
- C 鰈魚…1份
- D 小松菜…1份

作法
1. 將A用微波爐加熱1分10秒，將C、D各加熱30秒。
2. 將A和D加在一起，放上一顆紅豆左右份量的C。

## 鰈魚粥

材料
- A 10倍粥…1份
- C 鰈魚…1份

作法
1. 將A用微波爐加熱1分10秒，將C加熱30秒。
2. 在A上放兩顆紅豆左右份量的C。

## 小松菜・香蕉泥

材料
- D 小松菜…1份
- E 香蕉…1份

作法
1. 將D、E用微波爐各加熱30秒。
2. 在D上放E。

## 高麗菜粥（放上鯛魚泥）

將C改用1份鯛魚、D改用1份高麗菜製作。

## 鯛魚粥

將C改用1份鯛魚製作。

## 高麗菜・香蕉泥

將D改用1份高麗菜製作。

## 白菜粥（放上比目魚泥）

將C改用1份比目魚、D改用1份白菜製作。

## 比目魚粥

將C改用1份比目魚製作。

## 白菜・香蕉泥

將D改用1份白菜製作。

五 上午

五 下午

基礎周

## 魩仔魚粥（放上花椰菜泥）

材料
A 10倍粥…1份
B 魩仔魚乾…1份
F 花椰菜…1份

作法
1 將A用微波爐加熱1分10秒，將B加熱20秒，將F加熱30秒。
2 在A上加入2匙份量的B後，再放上一匙份量的F。

## 花椰菜粥

材料
A 10倍粥…1份
F 花椰菜…1份

作法
1 將A用微波爐加熱1分10秒，將F加熱30秒。
2 將A和F加在一起。

## 小松菜・鰈魚泥

材料
C 鰈魚…1份
D 小松菜…1份

作法
1 將C、D用微波爐各加熱30秒。
2 在D上放三顆紅豆左右份量的C。

變化周①

## 蛋粥（放上洋蔥泥）

將B改用1份蛋黃、F改用1份洋蔥製作。

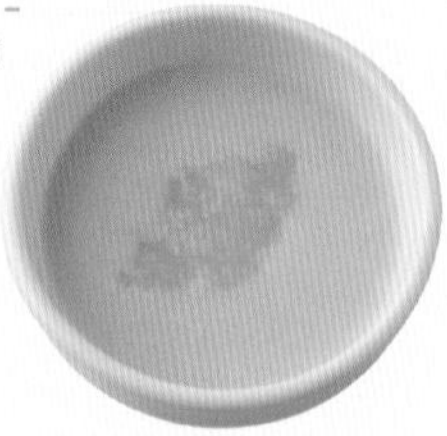

## 洋蔥粥

將F改用1份洋蔥製作。

## 高麗菜・鯛魚泥

將C改用1份鯛魚、D改用1份高麗菜製作。

變化周②

## 豆腐粥（放上白蘿蔔泥）

將B改用1份豆腐、F改用1份白蘿蔔製作。

## 白蘿蔔粥

將F改用1份白蘿蔔製作。

## 白菜・比目魚泥

將C改用1份比目魚、D改用1份白菜製作。

## 地瓜粥

材料
- A 10倍粥…1份
- G 地瓜…1份

作法
1 將A用微波爐加熱1分10秒，將G加熱30秒。
2 在A上放一匙份量的G。

## 魩仔魚・小松菜泥

材料
- B 魩仔魚乾…1份
- D 小松菜…1份

作法
1 將B、D用微波爐各加熱30秒。
2 將B和D加在一起。

## 地瓜粥（放上鰈魚泥）

材料
- A 10倍粥…1份
- C 鰈魚…1份
- G 地瓜…1份

作法
1 將A用微波爐加熱1分10秒，將C、G各加熱30秒。
2 將A、G加在一起，放上1小匙份量的C。

## 芋頭粥

將G改用1份芋頭製作。

## 蛋・高麗菜泥

將B改用1份蛋黃、D改用1份高麗菜製作。

## 芋頭粥（放上鯛魚泥）

將C改用1份鯛魚、G改用1份芋頭製作。

## 玉米粥

將G改用1份玉米製作。

## 豆腐・白菜泥

將B改用1份豆腐、D改用1份白菜製作。

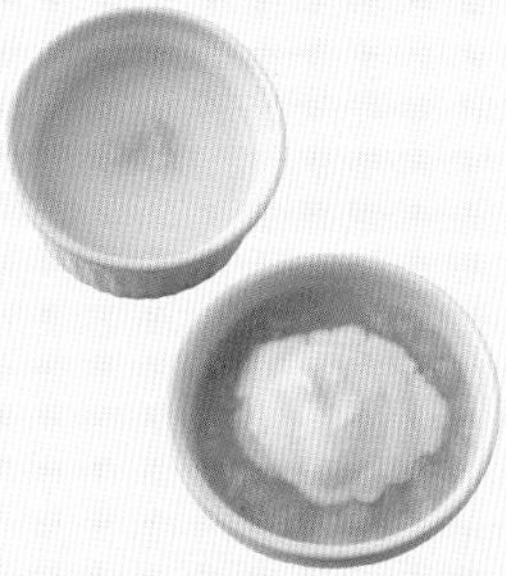

## 玉米粥（放上比目魚泥）

將C改用1份比目魚、G改用1份玉米製作。

# 輪替食譜

基礎周

## 魩仔魚粥

**材料**

A 10倍粥…1份
B 魩仔魚乾…1份

**作法**

1 將A用微波爐加熱1分10秒，將B加熱20秒。
2 在A上放B。

## 小松菜・麵包糊

**材料**

D 小松菜…1份
吐司（切成8片・切邊）…1/6片

**作法**

1 將D用微波爐加熱30秒。
2 將一匙份量的吐司磨成泥，加入D中攪拌均勻。

## 鰈魚牛奶麵包粥

**材料**

C 鰈魚…1份
吐司（切成8片・切邊）…1/6片
嬰兒配方奶或牛奶…2大匙

**作法**

1 將吐司磨成泥，加入嬰兒配方奶後用微波爐加熱20秒。
2 將C用微波爐加熱30秒，和步驟1加在一起。

## 小松菜・地瓜泥

**材料**

D 小松菜…1份
G 地瓜…1份

**作法**

1 將D、G用微波爐加熱30秒。
2 將D和G加在一起。

變化周 1

## 蛋粥

將B改用1份蛋黃製作。

## 高麗菜・麵包糊

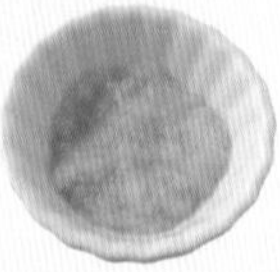

將D改用1份高麗菜製作。

## 鯛魚牛奶麵包粥

將C改用1份鯛魚製作。

## 高麗菜・芋頭泥

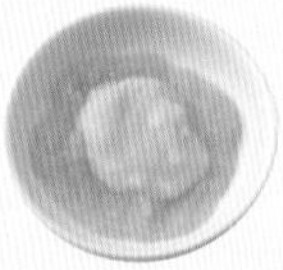

將D改用1份高麗菜、G改用1份芋頭製作。

變化周 2

## 豆腐粥

將B改用1份豆腐製作。

## 白菜・麵包糊

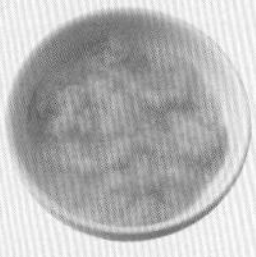

將D改用1份白菜製作。

## 比目魚牛奶麵包粥

將C改用1份比目魚製作。

## 白菜・玉米泥

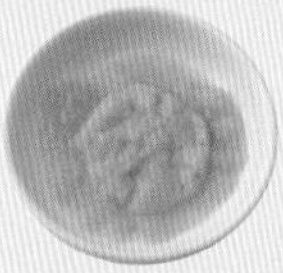

將D改用1份白菜、G改用1份玉米製作。

## Q 就算寶寶不太吃副食品，仍配合月齡更換副食品比較好嗎？

### A 請不要突然更換副食品

不應配合月齡突然更換白粥的軟硬度與蔬菜形狀，而是要邊觀察寶寶的進食方式，邊逐漸轉換。首先要等寶寶可以順利吞嚥後，再前進到下一個階段。配合寶寶的步調進行轉換很重要。

## Q 寶寶吃的量很多，但我擔心是否會變胖

### A 如果沒有偏離生長曲線太多，就沒有問題

寶寶變得肥胖的情況不太常見，請參考母子健康手冊裡寫的「嬰兒身體發育曲線」（註），要是沒有偏離太多就沒有問題。覺得擔心的話，也可以試著向醫師、保健師、助產士或營養師諮詢。

※譯註：台灣可至衛生福利部國民健康署網站下載「0～7歲兒童生長曲線」https://www.hpa.gov.tw/Pages/Detail.aspx?nodeid=870&pid=4869

## Q 開始吃副食品之後，寶寶的大便味道和顏色改變了，這樣沒關係嗎？

### A 食物改變後，大便也會改變

到目前為止只喝過母乳或配方奶的寶寶，因為吃副食品會改變腸道活動，所以大便會出現味道、變硬或變色。因為寶寶的消化器官未發展完全，大便中加入了未被消化的食物，所以會改變大便的顏色、味道和硬度。沒有必要擔心。如果寶寶便秘或腹瀉，請試著向醫師諮詢。

## Q 餵副食品的時間可以不固定嗎？

### A 請盡量在相同時間餵食，建立生活節奏吧

因為吃副食品的最終目的是建立1天吃3餐的規律生活節奏，所以最好盡量在同個時間段餵食。因為某些原因很難進行的時候，偶爾在不同時間段餵食也沒問題。

## Q 要如何調整副食品的溫度？

### A 以接近人的皮膚溫度爲參考值

請把副食品的適合溫度，當作接近人體皮膚的溫度。如果覺得擔心，試著放到自己的手腕內側確認也可以。因為食物變涼或太燙寶寶也會不喜歡吃，所以也要注意解凍冷凍食材時的溫度調節。

## Q 配合開始吃副食品，準備寶寶用的椅子會比較好嗎？

### A 寶寶還不會坐的時候，請不要讓他坐在椅子上

在寶寶還不會坐的時候就用椅子，可能會對寶寶的姿勢帶來不良影響。請在寶寶可以一個人坐好之後再準備。另外，請選擇腳底可以碰到腳踏板或地板並且可以穩定姿勢的寶寶餐椅。

# 中期（7~8個月）本時期寶寶的狀況和食材參考份量

寶寶漸漸地會開始動嘴巴咀嚼，學會咬碎食物。
請邊觀察寶寶的狀況，邊調整食材形狀和軟硬度。

## 可以吃的食材

白粥漸漸轉換成5倍粥，麵類用比一般更長的時間煮軟後，切段餵食。肉類則從雞柳開始嘗試。另外，從味道和香氣較不明顯的蔬菜開始增加種類。

## 食材的軟硬度

將食材燉成用很弱的力道就能輕易壓碎的軟硬度。軟硬度也很重要，不過因為寶寶用舌頭壓碎食物的力道還很弱，所以花點心思增加濃稠度、方便寶寶吞嚥也很重要。

## 發音參考

當寶寶開始發出「他」、「偷」、「都」等發音時，就可以當作能將副食品中期的食材壓碎的嘴部動作參考。

### 哺乳和副食品的1日行程範例

| | |
|---|---|
| 6：00 | 哺乳 |
| 10：00 | 副食品 →哺乳 |
| 14：00 | 副食品 →哺乳 |
| 17：00 | 哺乳 |
| 21：00 | 哺乳 |

各將上午和下午的1次哺乳改成餵副食品。
飯後寶寶想喝母乳、配方奶時才餵。

## 副食品中期的建議

### 中期請小心進行

寶寶可以吃的食材增加並漸漸提升食譜的豐富度，但要是勉強餵寶寶吃無法用舌頭壓碎的硬度的食物，就會形成寶寶「不咀嚼」及「囫圇吞下」的原因。請確認寶寶是否活動嘴巴並用舌頭將食物壓碎，再繼續餵食。

### 把食物放到舌頭上的位置也很重要

當寶寶無法用舌頭把食物壓碎時，為了讓寶寶不要囫圇吞下並把食物從嘴巴「咧」地推出來，請將食物放在舌頭中央靠前的位置上（前舌～中前舌）來餵。如果寶寶經常從嘴巴將食物推出時，就要將食物煮軟並減少一口的份量。

## 單份食材份量參考

**碳水化合物**

冷凍熟烏龍麵：35～55g
5倍粥：50～80g

**維生素**

胡蘿蔔：20～30g
菠菜：20～30g

**蛋白質**

白肉魚：10～15g
雞絞肉：10～15g
雞蛋：1/3顆
嫩豆腐：30～40g

※不同食材寫的是一餐的參考份量。並不是將所有食材用在一餐當中。

## 餵副食品的方法

### 寶寶會坐椅子後，讓寶寶坐在椅子上吃

寶寶還不會坐的時候，就和初期一樣抱著餵。當寶寶學會一個人穩定坐著之後，請準備寶寶腳底可以剛好碰到腳踏板或地板的椅子（嬰兒餐椅）。能讓寶寶維持收下巴、把手放桌上的穩定姿勢的狀態最為理想。盡量讓腳著地，能讓寶寶變得更加專注於用餐。

中期
（7～8個月）

# 冷凍
# 輪替食材

1日2回

進入副食品中期後，開始讓寶寶挑戰吃肉吧。
為了方便寶寶吞嚥，要在食材中增加黏稠度，是很重要的時期。

## 基礎周

### A 5倍粥　10份

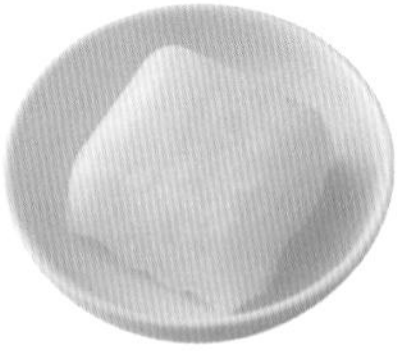

作法

將500～800g的5倍粥（→p.17）分成10等分放入製冰盒中。

### B 素麵＋高湯　4份

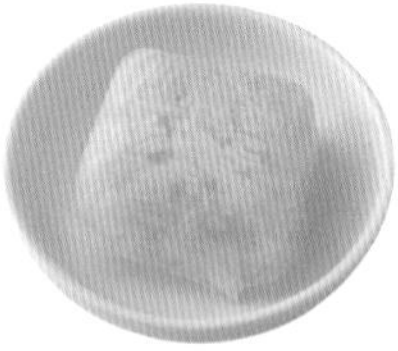

作法

1 將40g的素麵用比包裝標示的雙倍以上時間煮熟煮軟，再用流水沖洗。
2 切成2～5mm寬，分成4等分放入製冰盒中，各倒入2大匙高湯（→p.19）。

### C 雞柳　5份

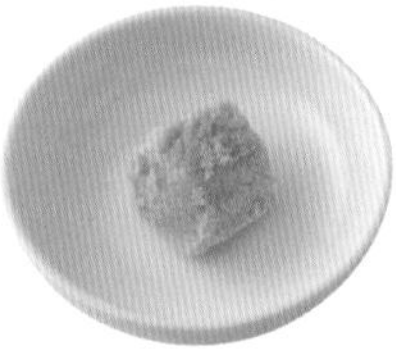

作法

1 將50g的雞柳汆燙1分鐘左右，關火後靜置3分鐘。
2 切成5等分並放入冷凍用保鮮袋中。

※在結凍狀態下磨成泥使用。

### D 水煮蛋　5份

作法

1 從生水開始煮2顆蛋。待水滾之後轉小火～中火煮12分鐘左右，做成水煮蛋。
2 從步驟1中分出1.5顆水煮蛋的份量，放入冷凍用保鮮袋中，用手指壓碎後，分成5等分。

### E 芋頭泥　4份

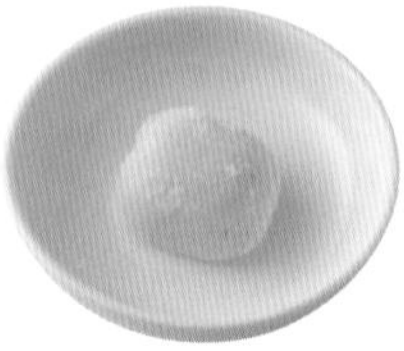

作法

1 將40g削好皮的芋頭切成1cm寬，汆燙煮軟到可以用手捏碎的程度（先留下湯汁）。
2 將少量湯汁加入步驟1中，用搗碎器或手持式調理機打碎後，分成4等分放入製冰盒中。

### F 碎青花菜　7份

作法

1 將70g的青花菜花蕾汆燙煮軟（先留下湯汁）。
2 分成7等分放入製冰盒中，再倒入少量湯汁。

### G 蘆筍高麗菜　7份

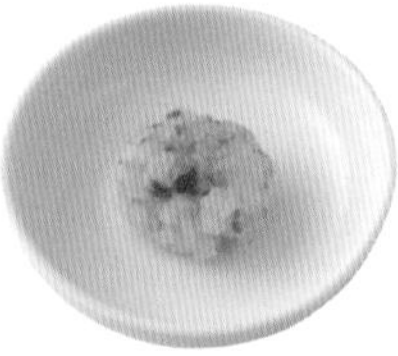

作法

1 將40g的高麗菜菜葉、30g的綠蘆筍嫩莖切成末。
2 將步驟1放入小鍋中並倒入沒過食材的水，蓋上蓋子後煮軟（先留下湯汁）。
3 分成7等分放入製冰盒中，再倒入少量湯汁。

※放入製冰盒時，等結凍之後再移到冷凍用保鮮袋中。
※為了避免B中的麵吸收完所有高湯，請在散熱之後馬上放入冷凍庫。

## 變化周 1

### A 5倍粥 10份

作法

用和基礎周A（→p.48）一樣的方式準備。

### B 烏龍麵＋高湯 4份

作法

1 將40g的烏龍麵（乾麵）用比包裝標示的雙倍以上時間煮熟煮軟，再用流水仔細沖洗。

2 切成2～5mm寬，分成4等分放入製冰盒中，各倒入2大匙高湯（→p.19）。

### C 劍旗魚 5份

作法

1 將邊長3cm的正方形高湯昆布加入小鍋，並倒入高度2cm左右的水，靜置30分鐘後開火。

2 待水滾之後放入60g的劍旗魚片並煮熟（先留下湯汁）。

3 去除魚皮和魚骨並將劍旗魚肉剁碎。

4 分成5等分放入製冰盒中，再將湯汁倒滿容器。

### D 鱈魚 5份

作法

1 將邊長3cm的正方形高湯昆布加入小鍋，並倒入高度2cm左右的水，靜置30分鐘後開火。

2 待水滾之後放入75g的生鱈魚片並煮熟（先留下湯汁）。

3 去除魚皮和魚骨並將鱈魚肉剁碎。

4 分成5等分放入製冰盒中，再將湯汁倒滿容器。

### E 白蘿蔔泥 4份

作法

1 將50g削好皮的白蘿蔔磨成泥後，開小火。

2 將蘿蔔泥煮熟，待質地變濃稠後，分成4等分放入製冰盒中。

### F 碎秋葵 7份

作法

1 將90g去除蒂頭和籽的秋葵切成末。

2 將步驟**1**放入小鍋中並倒入沒過食材的水，蓋上蓋子後煮軟（先留下湯汁）。

3 分成7等分放入製冰盒中，再倒入少量湯汁。

### G 彩椒 7份

作法

1 將70g去除蒂頭、籽和外皮並用削皮器削好皮的彩椒切成末。

2 將步驟**1**放入小鍋中並倒入沒過食材的水，蓋上蓋子後煮軟（先留下湯汁）。

3 分成7等分放入製冰盒中，再倒入少量湯汁。

※為了避免B中的麵吸收完所有高湯，請在散熱之後馬上放入冷凍庫。

## 變化周 2

### A 5倍粥 10份

作法

用和基礎周A（→p.48）一樣的方式準備。

### B 素麵＋蔬菜湯 4份

作法

1 在鍋中加入150ml水、高麗菜、胡蘿蔔、洋蔥（去皮）皆適量，煮30分鐘左右再過濾。

2 將40g的素麵用比包裝標示的雙倍以上時間煮熟煮軟，再用流水仔細沖洗。

3 將步驟**2**切成2～5mm寬，分成4等分放入製冰盒中，各倒入步驟**1**中的2大匙高湯。

### C 鮭魚 5份

作法

1 將邊長3cm的正方形高湯昆布加入小鍋，並倒入高度2cm左右的水，靜置30分鐘後開火。

2 待水滾之後放入75g的生鮭魚片並煮熟（先留下湯汁）。

3 去除魚皮和魚骨並將鮭魚肉剁碎。

4 分成5等分放入製冰盒中，再將湯汁倒滿容器。

### D 鰹魚 5份

作法

1 將邊長3cm的正方形高湯昆布加入小鍋，並倒入高度2cm左右的水，靜置30分鐘後開火。

2 待水滾之後放入75g的鰹魚生魚片並煮熟（先留下湯汁）。

3 去除鰹魚的血合肉（深色魚肉），並將魚肉剁碎。

4 分成5等分放入製冰盒中，再將湯汁倒滿容器。

### E 蕪菁泥 4份

作法

1 將50g削乾淨皮的蕪菁磨成泥，開小火。

2 將蕪菁泥煮熟，等質地變濃稠之後，分成4等分放入製冰盒中。

### F 碎茄子 7份

作法

1 將70g去蒂頭和削好皮的茄子切成末。

2 將步驟**1**放入小鍋中並倒入沒過食材的水，蓋上蓋子後煮軟。

3 分成7等分放入製冰盒中，再倒入少量白開水。

### G 豆角 7份

作法

1 將剝好粗絲的70g豆角切成末。

2 將步驟**1**放入小鍋中並倒入沒過食材的水，蓋上蓋子後煮軟（先留下湯汁）。

3 分成7等分放入製冰盒中，再倒入少量湯汁。

※為了避免B中的麵吸收完所有蔬菜湯，請在散熱之後馬上放入冷凍庫。

一 上午

基礎周

## 青花菜與雞柳素麵

材料

- B 素麵+高湯…1份
- C 雞柳…1份
- F 碎青花菜…1份

作法

1 將 B 用微波爐加熱1分30秒，將 C 磨成一匙左右的泥後加熱5秒，將 F 加熱30秒。
2 混合 B 和 F ，再灑上 C 。

變化周 ❶

## 秋葵劍旗魚烏龍麵

將 B 改用1份烏龍麵+高湯、C 改用1份劍旗魚、F 改用1份碎秋葵製作。

※不用將 C 磨成泥，用微波爐加熱30秒後使用一匙份量。

變化周 ❷

## 茄子鮭魚素麵（蔬菜風味）

將 B 改用1份素麵+蔬菜湯、C 改用1份鮭魚、F 改用1份碎茄子製作。

※不用將 C 磨成泥，用微波爐加熱30秒後使用一匙份量。

基礎周

## 青花菜黏粥

材料

A 5倍粥…1份
F 碎青花菜…1份
碎納豆…2小匙

作法

1 在 A 上放 F ，用微波爐加熱2分鐘。
2 放上碎納豆。

變化周 ①

## 秋葵黏粥

將 F 改用1份碎秋葵製作。

變化周 ②

## 茄子黏粥

將 F 改用1份碎茄子製作。

# 輪替食譜

二 上午

基礎周

## 納豆粥

材料
A 5倍粥…1份
碎納豆…2小匙

作法
1 將A用微波爐加熱1分30秒。
2 放上碎納豆。

## 蘆筍高麗菜和風芋泥沙拉

材料
E 芋頭泥
…1份
G 蘆筍高麗菜
…1份

作法
1 將E、G用微波爐各加熱30秒。
2 在E上放一匙份量的G。

變化周 ❶

## 納豆粥

## 白蘿蔔泥與彩椒

將E改用1份白蘿蔔泥、G改用1份彩椒製作。

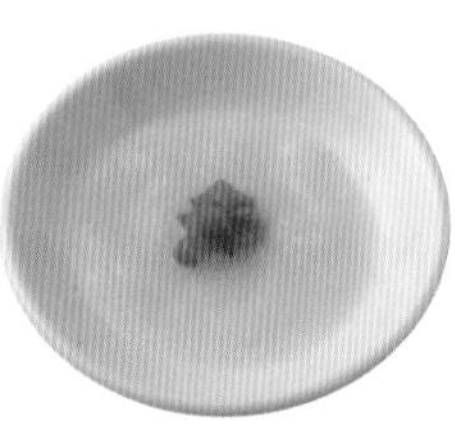

變化周 ❷

## 納豆粥

## 蕪菁泥與豆角

將E改用1份蕪菁泥、G改用1份豆角製作。

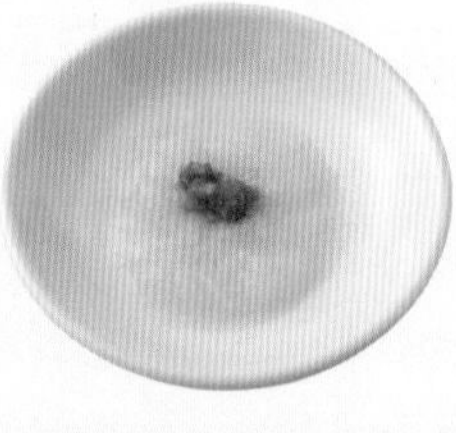

基礎周

## 蘆筍高麗菜柴魚粥

材料
A 5倍粥…1份
G 蘆筍高麗菜…1份
柴魚片…少許

作法
1 在A上放G，用微波爐加熱2分。
2 灑上柴魚片。

## 青花菜雞柳沙拉

材料
C 雞柳…1份
F 碎青花菜…1份

作法
將C磨成泥灑在F上，用微波爐加熱40秒。
※如果寶寶看起來不好吞，請混合少量原味優格增加濃稠度。

變化周 1

## 彩椒柴魚粥

將G改用1份彩椒製作。

## 秋葵劍旗魚沙拉

將C改用1份劍旗魚、F改用1份碎秋葵製作。
※不須將C磨成泥，用微波爐加熱30秒。

※如果寶寶看起來不好吞，請混合少量原味優格增加濃稠度。

變化周 2

## 豆角柴魚粥

將G改用1份豆角製作。

## 茄子鮭魚沙拉

將C改用1份鮭魚、F改用1份碎茄子製作。
※不須將C磨成泥，用微波爐加熱30秒

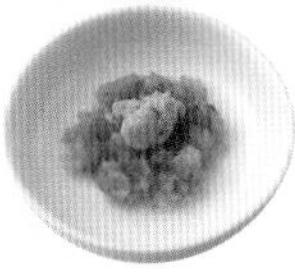

※如果寶寶看起來不好吞，請混合少量原味優格增加濃稠度。

三 上午

## 基礎周

### 蛋粥

材料

A 5倍粥…1份
D 水煮蛋…1份

作法

1 將A用微波爐加熱1分30秒，將D加熱30秒。
2 在A上加一匙左右的D。

### 碎青花菜

材料

F 碎青花菜…1份

作法

將F用微波爐加30秒。

※如果寶寶看起來不好吞，請混合少量原味優格或白粥再餵。

## 變化周 ❶

### 鱈魚粥

將D改用1份鱈魚製作。

### 碎秋葵

將F改用1份碎秋葵製作。

※如果寶寶看起來不好吞，請混合少量原味優格或白粥再餵。

## 變化周 ❷

### 鰹魚粥

將D改用1份鰹魚製作。

### 碎茄子

將F改用1份碎茄子製作。

※如果寶寶看起來不好吞，請混合少量原味優格或白粥再餵。

基礎周

## 海苔粉粥

材料
A 5倍粥…1份
海苔粉…少許

作法
1 將A用微波爐加熱1分30秒。
2 灑上海苔粉。

## 雞蛋燉芋頭

材料
D 水煮蛋…1份
E 芋頭泥…1份
高湯（→p.19）…1小匙～適量

作法
1 將E用微波爐加熱30秒，加入高湯稀釋。
2 將D用微波爐加熱20秒，把一半份量放上步驟**1**。

變化周 1

## 海苔粉粥

## 白蘿蔔泥燉鱈魚

將E改用1份白蘿蔔泥、D改用1份鱈魚製作。

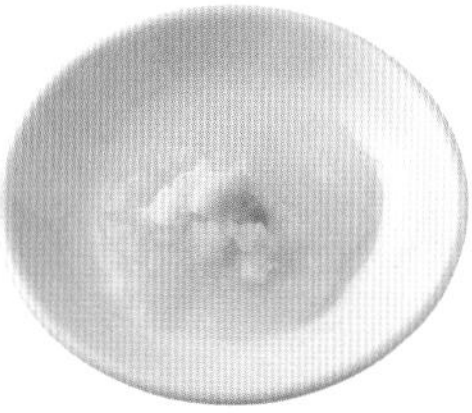

變化周 2

## 海苔粉粥

## 蕪菁泥燉鰹魚

將E改用1份蕪菁泥、D改用1份鰹魚製作。

# 輪替食譜

四 上午

## 基礎周

### 蘆筍高麗菜素麵

材料
B 素麵+高湯
…1份
G 蘆筍高麗菜
…1份

作法
在B上放G，用微波爐加熱2分後攪拌。

### 雞蛋與芋頭泥

材料
D 水煮蛋…1份
E 芋頭泥
…1份

作法
將D用微波爐加熱20秒，將E加熱30秒。

## 變化周 ❶

### 彩椒烏龍麵

將B改用1份烏龍麵+高湯、G改用1份彩椒製作。

### 白蘿蔔泥與鱈魚

將E改用1份白蘿蔔泥、D改用1份鱈魚製作。

## 變化周 ❷

### 豆角素麵（蔬菜風味）

將B改用1份素麵+蔬菜湯、G改用1份豆角製作。

### 蕪菁泥與鰹魚

將E改用1份蕪菁泥、D改用1份鰹魚製作。

四 下午

中期

基礎周

## 納豆素麵

材料

B 素麵+高湯…1份

碎納豆…2小匙

作法

1 將 B 用微波爐加熱1分30秒。

2 放上碎納豆。

## 碎青花菜

材料

F 碎青花菜…1份

作法

將 F 用微波爐加熱30秒。

※如果寶寶看起來不好吞，請加入素麵中混合後再餵。

## 橘子丁

材料

橘子…1/4顆

作法

剝除橘子皮與薄膜後切成一口大小。

變化周 1

## 納豆烏龍麵

將 B 改用1份烏龍麵+高湯製作。

## 碎茄子

將 F 改用1份碎秋葵製作。

## 橘子丁

※如果寶寶看起來不好吞，請加烏龍麵中混合後再餵。

變化周 2

## 納豆麵（蔬菜風味）

將 B 改用1份素麵+蔬菜湯製作。

## 碎茄子

將 F 改用1份碎茄子製作。

## 橘子丁

※如果寶寶看起來不好吞，請加入素麵中混合後再餵。

# 輪替食譜

五 上午

基礎周

## 蛋粥

材料
A 5倍粥…1份
D 水煮蛋…1份

作法
1 將A用微波爐加熱1分30秒，將D加熱30秒。
2 在A上放D。

## 芋頭青花菜泥

材料
E 芋頭泥…1份
F 碎青花菜…1份

作法
在E上放F並用微波爐加熱40秒後混合。

變化周 ①

## 鱈魚粥

將D改用1份鱈魚製作。

## 白蘿蔔泥與秋葵

將E改用1份白蘿蔔泥、F改用1份碎秋葵製作。

變化周 ②

## 鰹魚粥

將D改用1份鰹魚製作。

## 蕪菁泥與茄子

將E改用1份蕪菁泥、F改用1份碎茄子製作。

基礎周

## 柴魚粥

材料
A 5倍粥…1份
柴魚片…少許

作法
1 將A用微波爐加熱1分30秒。
2 灑上柴魚片。

## 雞柳與蘆筍高麗菜

材料
C 雞柳…1份
G 蘆筍高麗菜…2份

作法
將C磨成泥放在G上，用微波爐加熱1分鐘。
※如果寶寶看起來不好吞，請加入柴魚粥中，或是與少量原味優格混合，增加濃稠度。

變化周 1

## 柴魚粥

## 劍旗魚與彩椒

將C改用1份劍旗魚、G改用2份彩椒製作。
※不須將C磨成泥，用微波爐加熱30秒。

※如果寶寶看起來不好吞，請加入柴魚粥中，或是與少量原味優格混合，增加濃稠度。

變化周 2

## 柴魚粥

## 鮭魚豆角

將C改用1份鮭魚、G改用2份豆角製作。
※不須將C磨成泥，用微波爐加熱30秒。

※如果寶寶看起來不好吞，請加入柴魚粥中，或是與少量原味優格混合，增加濃稠度。

六 上午

基礎周

## 小黃瓜與雞柳沙拉素麵

材料
B 素麵＋高湯
…1份
C 雞柳…1份
小黃瓜…20g

作法
1 將B用微波爐加熱1分30秒，將C磨成泥後加熱10秒。
2 將削好皮的小黃瓜切碎，和B混合後，在上面放C。

變化周 1

## 小黃瓜與劍旗魚沙拉烏龍麵

將B改用1份烏龍麵＋高湯、C改用1份劍旗魚製作。

※不須將C磨成泥，用微波爐加熱30秒。

變化周 2

## 小黃瓜與鮭魚沙拉素麵
（蔬菜風味）

將B改用1份素麵＋蔬菜湯、C改用1份鮭魚製作。

※不須將C磨成泥，用微波爐加熱30秒。

基礎周

## 海苔粉粥

材料
A 5倍粥…1份
海苔粉…少許

作法
1 將A用微波爐加熱1分30秒。
2 灑上海苔粉。

## 雞蛋與蘆筍高麗菜

材料
D 水煮蛋…1份
G 蘆筍高麗菜…1份

作法
將D和G加在一起，用微波爐加熱40秒後攪拌。
※如果寶寶看起來不好吞，請加入海苔粥中，或是與少量原味優格混合，增加濃稠度。

變化周 ❶

## 海苔粉粥

## 鱈魚彩椒

將D改用1份鱈魚、G改用1份彩椒製作。
※如果寶寶看起來不好吞，請加入海苔粥中，或是與少量原味優格混合，增加濃稠度。

變化周 ❷

## 海苔粉粥

## 鰹魚豆角

將D改用1份鰹魚、G改用1份豆角製作。
※如果寶寶看起來不好吞，請加入海苔粥中，或是與少量原味優格混合，增加濃稠度。

# 輪替食譜

日 上午

## 基礎周

### 青花菜納豆粥

材料
A 5倍粥…1份
F 碎青花菜…1份
碎納豆…2小匙

作法
1 將A和F加在一起，用微波爐加熱2分鐘後攪拌。
2 放上碎納豆。

### 哈密瓜丁

材料
哈密瓜…10g

作法
將削好皮、去完籽的哈密瓜切碎。

## 變化周 ❶

### 秋葵納豆粥

將F改用1份碎秋葵製作。

### 哈密瓜丁

## 變化周 ❷

### 茄子納豆粥

將F改用1份碎茄子製作。

### 哈密瓜丁

日 下午

中期

基礎周

## 雞柳與蘆筍高麗菜番茄粥

材料
A 5倍粥…1份
C 雞柳…1份
G 蘆筍高麗菜…1份
番茄…10g

作法
1 將A、G用微波爐加熱2分鐘，將C磨成泥後加熱10秒。
2 剝掉番茄皮後切碎，和A、G混合後，在上面放C。

變化周 1

## 劍旗魚與彩椒蕃茄粥

將C改用1份劍旗魚、G改用1份彩椒製作。

※不須將C磨成泥，用微波爐加熱30秒。

變化周 2

## 鮭魚與豆角番茄粥

將C改用1份鮭魚、G改用1份豆角製作。

※不須將C磨成泥，用微波爐加熱30秒。

## Q 配合寶寶的體重變化來管理用餐份量比較好嗎？

### A 請不要被瑣碎的數值綁架，配合寶寶的狀況來管理

依照當天寶寶的體重，要吃幾g主食、幾g碳水化合物……，請不要太過拘泥於數字或資訊，放鬆一下吧。並沒有規定不同體重的寶寶必須吃的食物量，所以請配合寶寶的狀況，餵給他想吃的量就好。如果寶寶的體重順利增加，不用太過仔細管理也可以。

## Q 寶寶會吐出放入口中的食物不吃

### A 請調整看看食物的硬度、調味、口感或濃稠度吧

寶寶的味覺比大人更加敏感。會因為食材的些許硬度差異，或因味道、口感、溫度、搭配、當天的心情等，而常有不想吃飯的情況。請試著混在白粥中增加濃稠度，會讓寶寶變得更容易吃。昨天以前會吃的食材寶寶也可能突然就不吃。不要一次就放棄，從不同方向調整後再次嘗試吧。

## Q 如果托兒所給寶寶的食材清單上，有寶寶還不會吃的食物時怎麼辦？

### A 在不勉強的狀況下，讓寶寶在家吃看看吧

由於要上托兒所等原因必須讓寶寶先吃的食材，可以找內含少量該食材的嬰兒食品來餵，或是要用該食材在大人料理中的時候，在調味前少量分裝並切碎，加水後用微波爐加熱煮軟再餵寶寶吃也可以（這種時候，請務必注意避免一次含有太多初次嘗試的食材）。

## Q 寶寶好像不喜歡蔬菜的口感，該怎麼做比較好？

### A 汆燙後再切碎餵看看吧

由於衛生方面的考量，在本書中介紹的是將蔬菜切碎後再加熱的食譜，但汆燙切碎後的胡蘿蔔容易殘留顆粒感，很多孩子會討厭這種口感，所以只有胡蘿採取汆燙後再壓碎的步驟。其他蔬菜汆燙後再切碎會變得比較軟，所以寶寶看起來不容易吃的時候，確實做好衛生管理的話，最後切碎再餵也沒關係。

## Q 該怎麼在外出地餵食副食品？

### A 請盡可能用和平常相同的節奏來餵

在外出目的地餵副食品時，也盡量在和平常相同的時間餵食。如果在外出目的地才第一次改成餵嬰兒食品的話，可能會不太順利，因此請事先在家中試著餵嬰兒食品，讓寶寶習慣之後再外出餵嬰兒食品會比較好。

## Q 因爲自己本身不喜歡吃的食物很多，可以用副食品引導寶寶變得敢吃嗎？

### A 可以讓寶寶吃，但請不要強迫他

很多媽媽・爸爸希望讓寶寶可以吃自己本身不敢吃的食物，但在懷孕時寶寶也會受到媽媽的飲食喜好影響，所以有時候會很難接受媽媽不常吃的食物。當然寶寶也有可能都吃得沒問題，請少量逐次嘗試，要是寶寶不喜歡的話，就避免勉強他吃。

## Q 我擔心寶寶會對雞蛋過敏。先暫時不要餵雞蛋，觀察他的狀況比較好嗎？

### A 請不要迴避，從極少量開始試試看

雞蛋是令人擔心的過敏食材之一。不過一般來說，在副食品中迴避這類食材不會達到預防的效果。只要完全煮熟就可以降低過敏的風險。請餵寶寶吃極少量的水煮蛋蛋黃開始，再慢慢地增加份量。

## Q 寶寶有吃得多的日子，也有不吃的日子，差異很大

### A 因爲寶寶每天心情都不同，所以請不要過度在意

或許你會經常在意寶寶的食量差異，但寶寶和大人一樣，有時候也會沒什麼食欲。如果跟寶寶說話後，他看起來還是不想吃的話，不用勉強也OK。靠餵奶或下一餐來補足吧。但也有可能是因為寶寶身體不舒服，這一點要特別注意。

## Q 我不清楚餵寶寶吃副食品的步調

### A 仔細確認寶寶是否吞下食物，再餵下一口

餵寶寶吃副食品時的步調因人而異，但沒必要緊湊著一口接一口地餵。請將食物放入寶寶口中，確認寶寶是否好好咀嚼後吞下，再接著餵下一口。也要注意將食物放到舌頭的位置（→p.46），如果寶寶看起來像把食物囫圇吞下，就跟寶寶說「咬一咬，再吞喔」，再繼續餵。

## Q 寶寶會想碰食物，不要讓他碰比較好嗎？

### A 這證明寶寶對食物感興趣，所以請不要阻止他

寶寶想要觸碰伸出來的湯匙或餐盤內部並不是壞事。這種時候為了以後容易轉換成用手抓食物吃，請讓他隨意地用手碰食物。但如果看到了寶寶拿食物在玩的動作，就請收拾餐桌。

後期
（9～11個月）

# 本時期寶寶的狀況和食材參考份量

寶寶學會用牙齦咀嚼食物的時期。變成1天吃3餐、對食物增加興趣，也會出現用手抓食物自己吃的意願。

## 可以吃的食材

為了讓寶寶漸漸學會咀嚼、流口水並吞下食物，也可以開始吃像麵包等不含水分的食物。蔬菜則切成方便用手抓著吃的條狀給寶寶。

## 食材的軟硬度

將食材做成可以用手指壓碎的軟硬度。麵類則要煮得比一般時間更長。為了避免肉丸變得太硬，會加入木棉豆腐（板豆腐）攪拌，讓肉丸變得更加鬆軟。

## 發音參考

當寶寶開始發出「嘎」、「咖」等發音後，就可以當作能在副食品後期用舌頭移動食物的嘴部動作參考。

### 哺乳和副食品的1日行程範例

| | |
|---|---|
| 6：00 | 哺乳 |
| 10：00 | 副食品 →哺乳 |
| 14：00 | 副食品 →哺乳 |
| 18：00 | 副食品 →哺乳 |
| 21：00 | 哺乳 |

早、中、晚的3次哺乳改成餵副食品。飯後寶寶想喝母乳、配方奶時才餵。

## 副食品後期的建議

### 刺激腦部的手指食物

如果寶寶開始做出朝副食品伸手的動作，就讓寶寶開始用手抓食物吃吧。寶寶用手抓食物吃，能確實感受到食材的觸感與一口的份量，並給予腦部刺激。另外，也會逐漸學會眼和手和嘴巴的動作協調與手指活動。

### 也可以讓寶寶選擇吃東西的順序

當寶寶加深對食物的興趣之後，請試著把當天的菜餚擺放在寶寶面前，問他「想哪一個？」來確認寶寶的想法。從吃自己選的食物開始吃，可以漸漸增加用餐的樂趣。

# 單份食材份量參考

蛋白質　　　　碳水化合物

維生素

**碳水化合物**

冷凍熟烏龍麵：60～90g
5倍粥：90g
軟飯：80g

**維生素**

胡蘿蔔：30～40g
菠菜：30～40g

**蛋白質**

白肉魚：15g
雞絞肉：15g
雞蛋：1/2顆
嫩豆腐：45g

※每種食材寫著1份的參考量。並不是將上述所有食材用在一餐當中。

# 餵副食品的方法

## 先做好 手指食物的準備就OK

讓寶寶坐在嬰兒餐椅上，維持腳底碰到腳踏板或地板、收下巴、手放在桌上的穩定姿勢狀態。讓寶寶用手抓食物吃容易弄髒餐桌或地板，所以最好事先鋪好墊子。即使寶寶熟悉後，也請持續仔細觀察寶寶的嘴巴動作，避免寶寶急著吃而囫圇吞下。

後期
（9～11個月）

# 冷凍輪替食材

1日3回

一次性煮多樣蔬菜，讓準備冷凍食材變得更省時。
主食的量和次數也都會增加，不冷凍直接準備當天的份量也OK。

## 基礎周

### A 軟飯　13份

作法

各放80g的軟飯（→p.17）進保存容器中。

### B 烏龍麵　4份

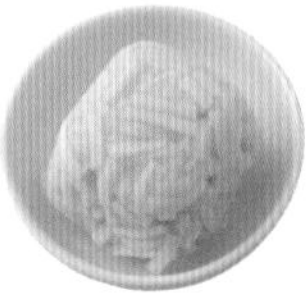

作法

1 將80g的烏龍麵（乾麵）用比包裝標示更長的時間煮熟，再用流水仔細沖洗。
2 切成2～3cm長，分成4等分放入製冰盒中。

### C 御好燒　3份

作法

1 將去除硬梗的10g高麗菜、去除蒂頭、外皮和籽的5g青椒切成末。
2 在步驟1中加入1/2顆蛋液、45g的麵粉、1大匙水、少許柴魚片、少許鹽後攪拌。
3 用氟素加工的平底鍋將步驟2分成3份，每面各煎2分鐘左右。

### D 海苔粉炒蛋　4份

作法

1 混合2顆雞蛋、1/2小匙海苔粉、2大匙牛奶。
2 將步驟1用微波爐加熱1分鐘，快速用打蛋器攪拌，再加熱1分鐘。
3 分成4等分放入冷凍用保鮮袋中。

### E 美味蔬菜① 　7份

作法

1 將去掉硬梗的70g高麗菜、剝好皮的70g洋蔥切成粗末。將削好皮的70g胡蘿蔔切成1cm寬的扇形。
2 將步驟1和100ml水加入小鍋中，蓋上蓋子後煮軟。用搗碎器或叉子壓碎胡蘿蔔。
3 將去除外皮和芽點的70g馬鈴薯磨成泥後加入步驟2，將馬鈴薯也煮熟。
4 分成7等分放入製冰盒中。

### F 胡蘿蔔豆角　4份

作法

1 將剝好粗絲的40g豆角切成粗末。將削好皮的40g胡蘿蔔切成1cm寬的扇形。
2 將步驟1和沒過食材的水加入小鍋中，蓋上蓋子後煮軟（先留下湯汁）。用搗碎器或叉子壓碎胡蘿蔔。
3 分成4等分放入製冰盒中，再倒入少量的湯汁。

### G 菠菜番茄　4份

作法

1 將40g的菠菜菜葉汆燙煮軟，浸泡冷水後擰乾。
2 將步驟1還有去除外皮和籽的40g番茄切成1cm丁狀。
3 分成4等分放入製冰盒中。

### H 豆腐肉丸（雞）　5份

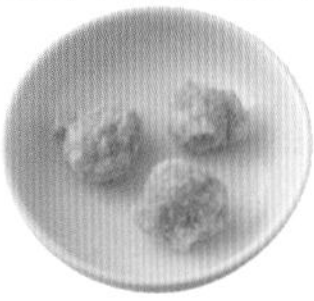

作法

1 將50g的雞絞肉、30g的木棉豆腐（板豆腐）、1/2顆雞蛋、一撮鹽加在一起揉勻，分成15等分後搓成1cm大小圓球。
2 汆燙步驟1，將內部完全煮熟。
3 用保鮮膜包起來，放入冷凍用保鮮袋中（1餐3顆）。

### I 鮪魚罐頭　6份

作法

1 將90g的水煮鮪魚罐頭來回淋上熱水去鹽。
2 分成6等分放入製冰盒中，再倒入少量的水。

## 變化周①

### A 軟飯 13份

作法
用和基礎周A（→p.68）一樣的方式準備。

### B 義大利麵 4份

作法
1 將120g的義大利麵用比包裝標示更長的時間煮熟，再用流水仔細沖洗。
2 切成2～3cm長，分成4等分放入製冰盒中。

### C 山藥燒 3份

作法
1 將削好皮的50g山藥磨成泥。將10g的玉米罐頭切碎。
2 在步驟1中加入20g的麵粉、少許柴魚片、一撮鹽混合。
3 用氟素加工的平底鍋將步驟2分成3份，每面各煎2分鐘左右。

### D 豆苗炒蛋 4份

作法
1 混合2顆雞蛋、15g的嫩豆苗、2大匙牛奶。
2 將步驟1用微波爐加熱1分鐘，快速用打蛋器攪拌後再加熱1分鐘。
3 分成4等分放入冷凍用保鮮袋中。

### E 美味蔬菜② 7份

作法
1 將去掉硬梗的70g白蘿蔔、削好皮的70g洋蔥切成粗末。將削好皮的70g胡蘿蔔切成1cm寬的扇形。
2 在步驟1中加100ml水並開中火，蓋上蓋子後煮軟。用搗碎器或叉子壓碎胡蘿蔔。
3 將去除外皮和芽點的70g馬鈴薯磨成泥後加入步驟2，將馬鈴薯也煮熟。
4 分成7等分放入製冰盒中。

### F 蘆筍彩椒 4份

作法
1 將削好皮的30g綠蘆筍、去除蒂頭、籽和外皮的50g彩椒切成粗末。
2 將步驟1和沒過食材的水加入鍋中，蓋上蓋子後煮軟（先留下湯汁）。
3 分成4等分放入製冰盒中，再倒入少量湯汁。

### G 青江菜茄子 4份

作法
1 將20g的青江菜菜葉、去掉蒂頭和外皮的60g茄子切成粗末。
2 將步驟1和沒過食材的水加入小鍋中，蓋上蓋子後煮軟（先留下湯汁）。
3 分成4等分放入製冰盒中，再倒入少量湯汁。

### H 手撕雞柳 5份

作法
1 汆燙75g的雞柳（先留下湯汁），剝除筋並撕成小塊。
2 分成5等分放入製冰盒中，再倒入少量湯汁。

### I 鯖魚罐頭 6份

作法
1 將100g的水煮鯖魚罐頭去掉魚骨和魚皮，來回淋上熱水去鹽。
2 分成6等分放入製冰盒中，再倒入少量的水。

## 變化周②

### A 軟飯 13份

作法
用和基礎周A（→p.68）一樣的方式準備。

### B 通心粉 4份

作法
1 將120g的通心粉用比包裝標示更長的時間煮熟，再用流水仔細沖洗。
2 切成2～3cm長，分成4等分放入製冰盒中。

### C 菠菜鬆餅 3份

作法
1 將20g的菠菜菜葉用熱水汆燙煮軟。
2 在步驟1中加入少量的水後打碎。
3 在步驟2中混合1顆蛋液、45g的麵粉、50ml牛奶、1/2小匙砂糖。
4 用氟素加工的平底鍋將步驟3分成3份，每面各煎2分鐘左右。

### D 韭菜炒蛋 4份

作法
1 混合2顆蛋、切成粗末的30g韭菜和2大匙牛奶。
2 將步驟1用微波爐加熱1分鐘，快速用打蛋器攪拌後再加熱1分鐘。
3 分成4等分放入冷凍用保鮮袋中。

### E 美味蔬菜③ 7份

作法
1 將70g的白菜菜葉、剝好皮的70g洋蔥切成粗末。將削好皮的70g胡蘿蔔切成1cm寬的扇形。
2 將步驟1和100ml水加入小鍋中，蓋上蓋子煮軟。用搗碎器或叉子壓碎胡蘿蔔。
3 將去除外皮和芽點的70g馬鈴薯磨成泥後加入步驟2中，將馬鈴薯也煮熟。
4 分成7等分放入製冰盒中。

### F 胡蘿蔔芋頭 4份

作法
1 將40g的胡蘿蔔、40g的芋頭削皮後，切成1cm寬的半圓形。
2 將步驟1和沒過食材的水加入小鍋中，蓋上蓋子後煮軟，用搗碎器或叉子大略壓碎（先留下湯汁）。
3 和湯汁一起分成4等分放入製冰盒中。

### G 秋葵蕪菁 4份

作法
1 將40g去籽、去掉蒂頭的秋葵、削乾淨皮的50g蕪菁切成末。
2 將步驟1和沒過食材的水加入小鍋中，蓋上蓋子後煮軟（先留下湯汁）。
3 分成4等分放入製冰盒中，再倒入少量湯汁。

### H 豆腐肉丸（豬） 5份

作法
1 將50g的豬絞肉、30g的木棉豆腐（板豆腐）、1/2顆雞蛋、一撮鹽加在一起揉勻，分成15等分後搓成1cm大的圓球。
2 汆燙步驟1，將內部完全煮熟。
3 用保鮮膜包起來，放入冷凍用保鮮袋中（1餐3顆）。

### I 秋刀魚罐頭 6份

作法
1 將100g的水煮秋刀魚罐頭去掉魚骨和魚皮，來回淋上熱水去鹽。
2 分成6等分放入製冰盒中，再倒入少量的水。

# 輪替食譜

一 早上

## 基礎周

### 軟飯

材料
A 軟飯…1份

作法
將A用微波爐加熱1分30秒。

### 海苔粉炒蛋

材料
D 海苔粉炒蛋…1份

作法
將D用微波爐加熱40秒。

### 胡蘿蔔豆角

材料
F 胡蘿蔔豆角…1份

作法
將F用微波爐加熱40秒。

## 變化周 1

### 軟飯

### 豆苗炒蛋

將D改用1份豆苗炒蛋製作。

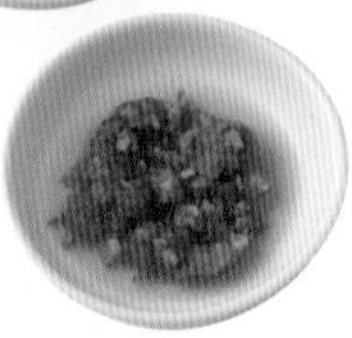

### 蘆筍彩椒

將F改用1份蘆筍彩椒製作。

## 變化周 2

### 軟飯

### 韭菜炒蛋

將D改用1份韭菜炒蛋製作。

### 胡蘿蔔芋頭

將F改用1份胡蘿蔔芋頭製作。

基礎周

## 軟飯

材料
A 軟飯…1份

作法
將A用微波爐加熱1分30秒。

## 雞肉丸與燉蔬菜

材料
E 美味蔬菜①…1份
H 豆腐肉丸（雞）…1份

作法
在E上放H，用微波爐加熱1分20秒。

## 橘子丁

材料
橘子…10g

作法
把剝掉外皮和薄膜的橘子切成容易入口的大小。

變化周 ❶

## 軟飯

## 手撕雞柳與燉蔬菜

將E改用1份美味蔬菜②、H改用1份手撕雞柳製作。

## 橘子丁

變化周 ❷

## 軟飯

## 肉丸與燉蔬菜

將E改用1份美味蔬菜③、H改用1份豆腐肉丸（豬）製作。

## 橘子丁

一 晚上

基礎周

## 鮪魚與菠菜番茄烏龍麵

材料
B 烏龍麵…1份
G 菠菜番茄…1份
I 鮪魚罐頭…1份

作法
1 將B用微波爐加熱1分30秒，G、I同時加熱50秒。
2 將B和G加在一起，放上I。

變化周 1

## 鯖魚與青江菜茄子義大利麵

鯖魚與青江菜茄子義大利麵將B改用1份義大利麵、G改用1份青江菜茄子、I改用1份鯖魚罐頭製作。

變化周 2

## 秋刀魚與秋葵蕪菁通心粉

將B改用1份通心粉、G改用1份秋葵蕪菁、I改用1份秋刀魚罐頭製作。

基礎周

## 御好燒

材料
C 御好燒…1份
水…1大匙

作法
將C在冷凍狀態下，切成1～2cm丁狀，整體來回淋上少量的水後，用微波爐加熱1分鐘。

## 碎哈密瓜

材料
哈密瓜（果肉）…10g

作法
將哈密瓜果肉切碎成容易入口的大小。

變化周 1

## 山藥燒

將C改用1份山藥燒製作。

## 碎哈密瓜

變化周 2

## 菠菜煎餅

C改用1份菠菜煎餅製作。

## 碎哈密瓜

二 中午

基礎周

## 軟飯

材料
A 軟飯…1份

作法
將A用微波爐加熱1分30秒。

## 胡蘿蔔豆角繽紛納豆

材料
F 胡蘿蔔豆角
…1份
碎納豆
…1大匙多
醬油…少許

作法
1 將F用微波爐加熱40秒。
2 加入碎納豆、少許醬油後攪拌。

變化周 ❶

## 軟飯

## 蘆筍彩椒繽紛納豆

將F改用1份蘆筍彩椒製作。

變化周 ❷

## 軟飯

## 胡蘿蔔芋頭繽紛納豆

將F改用1份胡蘿蔔芋頭製作。

基礎周

## 魩仔魚軟飯

材料

A 軟飯…1份
魩仔魚乾…1小匙

作法

1 將A用微波爐加熱1分30秒。
2 將魩仔魚乾浸泡熱水去鹽，瀝乾水分後放在步驟1上。

## 燉煮蔬菜拌味噌

材料

E 美味蔬菜①…1份
味噌…約1顆紅豆份量

作法

1 將E用微波爐加熱1分鐘。
2 加入味噌後攪拌。

變化周 ❶

## 魩仔魚軟飯

## 燉煮蔬菜拌味噌（變化蔬菜）

燉煮蔬菜拌味噌（變化蔬菜）
將E改用1份美味蔬菜②製作。

變化周 ❷

## 魩仔魚軟飯

## 燉煮蔬菜拌味噌（變化蔬菜）

將E改用1份美味蔬菜③製作。

# 輪替食譜

三 早上

## 基礎周

### 吐司

材料
吐司（切成8片）…1片

作法
將吐司切邊，切成1cm丁狀。

### 鮪魚燉菜

材料
E 美味蔬菜①…1份
I 鮪魚罐頭…1份

作法
將 E 用微波爐加熱1分鐘，將 I 加熱30秒後加在一起。

## 變化周 1

### 吐司

### 鯖魚燉菜

將 E 改用1份美味蔬菜②、I 改用1份鯖魚罐頭製作。

## 變化周 2

### 吐司

### 秋刀魚燉菜

將 E 改用1份美味蔬菜③、I 改用1份秋刀魚罐頭製作。

基礎周

## 海苔粉炒蛋烏龍麵

材料
B 烏龍麵…1份
D 海苔粉炒蛋
…1份

作法
將B用微波爐加熱1分30秒，將D加熱40秒後加在一起。

## 胡蘿蔔豆角

材料
F 胡蘿蔔豆角
…1份

作法
將F用微波爐加熱40秒。

變化周 1

## 豆苗炒蛋義大利麵

將B改用1份義大利麵、D改用1份豆苗炒蛋製作。

## 蘆筍彩椒

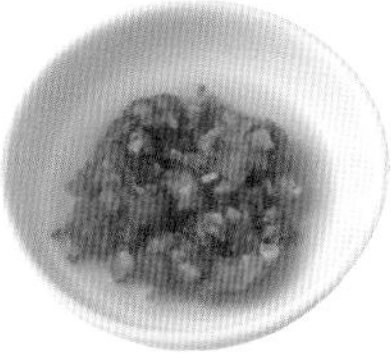

將F改用1份蘆筍彩椒製作。

變化周 2

## 韭菜炒蛋通心粉

將B改用1份通心粉、D改用1份韭菜炒蛋製作。

## 胡蘿蔔芋頭

將F改用1份胡蘿蔔芋頭製作。

# 輪替食譜

三 晚上

## 基礎周

### 軟飯

材料
A 軟飯…1份

作法
將A用微波爐加熱1分30秒。

### 雞肉丸與菠菜番茄

材料
G 菠菜番茄…1份
H 豆腐肉丸（雞）…1份

作法
1 將G、H用微波爐各加熱40秒。
2 在G上放H。

## 變化周 ❶

### 軟飯

### 手撕雞柳與青江菜茄子

將G改用1份青江菜茄子、H改用1份手撕雞柳製作。

## 變化周 ❷

### 軟飯

### 肉丸與秋葵蕪菁

將G改用1份秋葵蕪菁、H改用1份豆腐肉丸（豬）製作。

基礎周

## 海苔粉炒蛋烏龍麵

材料
B 烏龍麵…1份
D 海苔粉炒蛋…1份
高湯醬油…少許

作法
1 將 B 用微波爐加熱1分30秒，將D加熱40秒。
2 將高湯醬油加入 B 和 D 中攪拌。

## 香蕉優格

材料
香蕉（果肉）
…薄切1片
原味優格
…2大匙

作法
將香蕉切成扇形，放在優格上。

變化周 ①

## 豆苗炒蛋義大利麵

將B改用1份義大利麵、D改用1份豆苗炒蛋製作。

## 香蕉優格

變化周 ②

## 韭菜炒蛋通心粉

將B改用1份通心粉、D改用1份韭菜炒蛋製作。

## 香蕉優格

四 中午

基礎周

## 軟飯

材料
A 軟飯…1份

作法
將A用微波爐加熱1分30秒。

## 茄汁雞肉丸與燉蔬菜

材料
E 美味蔬菜①…1份
H 豆腐肉丸（雞）…1份
番茄醬…少許

作法
1 在E上放H，用微波爐加熱1分20秒。
2 用番茄醬拌勻。

變化周 ❶

## 軟飯

## 茄汁手撕雞柳與燉蔬菜

將E改用1份美味蔬菜②、H改用1份手撕雞柳製作。

變化周 ❷

## 軟飯

## 茄汁肉丸與燉蔬菜

將E改用1份美味蔬菜③、H改用1份豆腐肉丸（豬）製作。

基礎周

## 軟飯

材料
A 軟飯…1份

作法
將A用微波爐加熱1分30秒。

## 鮪魚燉菜

材料
E 美味蔬菜①…1份
I 鮪魚罐頭…1份

作法
將E用微波爐加熱1分鐘，將I加熱30秒後加在一起。

變化周 ❶

## 軟飯

## 鯖魚燉菜

將E改用1份美味蔬菜②、I改用1份鯖魚罐頭製作。

變化周 ❷

## 軟飯

## 秋刀魚燉菜

將E改用1份美味蔬菜③、I改用1份秋刀魚罐頭製作。

五 早上

基礎周

## 御好燒

材料
C 御好燒…1份
水…1大匙

作法
將C在冷凍狀態下切成1～2cm丁狀，整體來回淋上少量的水，用微波爐加熱1分鐘。

## 碎番茄

材料
番茄…1/6顆

作法
將番茄去皮後切成5mm～1cm丁狀。

變化周 1

## 山藥燒

將C改用1份山藥燒製作。

## 碎番茄

變化周 2

## 菠菜煎餅

將C改用1份菠菜煎餅製作。

## 碎番茄

基礎周

## 柴魚片軟飯

材料
A 軟飯…1份
柴魚片…少許

作法
1 將A用微波爐加熱1分30秒。
2 灑上柴魚片。

## 海苔粉炒蛋與燉煮蔬菜

材料
D 海苔粉炒蛋…1份
E 美味蔬菜①…1份

作法
將D用微波爐加熱40秒，將E加熱1分鐘後攪拌。

變化周 ❶

## 柴魚片軟飯

## 豆苗炒蛋與燉煮蔬菜

將D改用1份豆苗炒蛋、E改用1份美味蔬菜②製作。

變化周 ❷

## 柴魚片軟飯

## 韭菜炒蛋與燉煮蔬菜

將D改用1份韭菜炒蛋、E改用1份美味蔬菜③製作。

五 晚上

基礎周

## 鮪魚軟飯

材料
A 軟飯…1份
I 鮪魚罐頭…1份

作法
1 將A用微波爐加熱1分30秒，將I加熱30秒。
2 在A上放I。

## 菠菜番茄沙拉

材料
G 菠菜番茄…1份

作法
將G用微波爐加熱40秒。

變化周 ❶

## 鯖魚軟飯

將I改用1份鯖魚罐頭製作。

## 青江菜茄子沙拉

將G改用1份青江菜茄子製作。

變化周 ❷

## 秋刀魚軟飯

將I改用1份秋刀魚罐頭製作。

## 秋葵蕪菁沙拉

將G改用1份秋葵蕪菁製作。

基礎周

## 納豆軟飯

材料
A 軟飯…1份
碎納豆
…1大匙多

作法
1 將A用微波爐加熱1分30秒。
2 在步驟1上放碎納豆。

## 胡蘿蔔豆角

材料
F 胡蘿蔔豆角
…1份

作法
將F用微波爐加熱40秒。

變化周 1

## 納豆軟飯

## 蘆筍彩椒

將F改用1份蘆筍彩椒製作。

變化周 2

## 納豆軟飯

## 胡蘿蔔芋頭

將F改用1份胡蘿蔔芋頭製作。

六 中午

基礎周

## 鮪魚烏龍麵風味沙拉

材料
B 烏龍麵…1份
I 鮪魚罐頭…1份
小黃瓜…20g
原味優格
…少許

作法
1 將B用微波爐加熱1分30秒，將I加熱30秒。
2 將小黃瓜削皮後大略切碎，把B、I加在一起後用優格拌勻。

變化周 1

## 鯖魚義大利麵風味沙拉

將B改用1份義大利麵、I改用1份鯖魚罐頭製作。

變化周 2

## 秋刀魚通心粉風味沙拉

將B改用1份通心粉、I改用1份秋刀魚罐頭製作。

基礎周

## 軟飯

材料
A 軟飯…1份

作法
將A用微波爐加熱1分30秒。

## 雞肉丸與小黃瓜條

材料
H 豆腐肉丸（雞）…1份
小黃瓜…30g

作法
1 將H用微波爐加熱40秒。
2 將小黃瓜的皮削乾淨，切成2cm長的細長條，用熱水迅速燙熟後瀝乾水分。

變化周 ❶

## 軟飯

## 手撕雞柳與小黃瓜條

將H改用1份手撕雞柳製作。

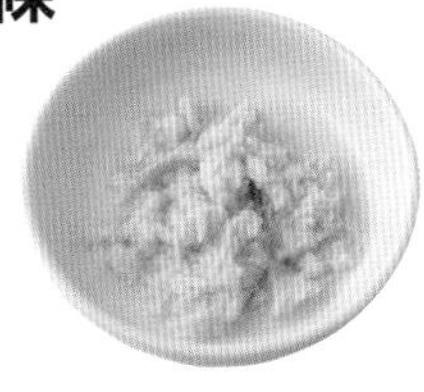

變化周 ❷

## 軟飯

## 肉丸與小黃瓜條

將H改用1份豆腐肉丸（豬）製作。

日 早上

## 基礎周

### 御好燒

材料
C 御好燒…1份
水…1大匙

作法
將C在冷凍狀態下切成1～2cm丁狀，在整體來回淋上少量的水後，用微波爐加熱1分鐘。

### 義式菠菜番茄

材料
G 菠菜番茄…1份
起司粉…少許

作法
1 將G用微波爐加熱40秒。
2 灑上起司粉。

## 變化周 ①

### 山藥燒

將C改用1份山藥燒製作。

### 義式青江菜茄子

將G改用1份青江菜茄子製作。

## 變化周 ②

### 菠菜煎餅

將C改用1份菠菜煎餅製作。

### 義式秋葵蕪菁

將G改用1份秋葵蕪菁製作。

基礎周

## 雞肉燥風味軟飯

材料

A 軟飯…1份
H 豆腐肉丸（雞）…1份

作法

1 將A用微波爐加熱1分30秒，將H加熱40秒。
2 將H用筷子弄碎，放到A上。

## 燉煮蔬菜

材料

E 美味蔬菜①…1份

作法

將E用微波爐加熱1分鐘。

變化周 ❶

## 手撕雞柳軟飯

將H改用1份手撕雞柳製作。

## 燉煮蔬菜（變化蔬菜）

將E改用1份美味蔬菜②製作。

變化周 ❷

## 豬肉燥風味軟飯

將H改用1份豆腐肉丸（豬）製作。

## 燉煮蔬菜（變化蔬菜）

將E改用1份美味蔬菜③製作。

# 輪替食譜

日 晚上

## 基礎周

### 海苔粉軟飯

材料
A 軟飯…1份
海苔粉…少許

作法
1 將A用微波爐加熱1分30秒。
2 灑上海苔粉。

### 鮪魚燉蘿蔔泥

材料
I 鮪魚罐頭…1份
白蘿蔔…30g

作法
1 將I用微波爐加熱30秒。
2 將白蘿蔔削皮、磨成泥後用微波爐加熱1分鐘。
3 在步驟2上放步驟1。

### 胡蘿蔔條

材料
胡蘿蔔…10g

作法
將胡蘿蔔削皮並切成2cm長的條狀後汆燙煮軟。

## 變化周 ①

### 海苔粉軟飯

### 鯖魚燉蘿蔔泥

將I改用1份鯖魚罐頭製作。

### 胡蘿蔔條

## 變化周 ②

### 海苔粉軟飯

### 秋刀魚燉蘿蔔泥

將I改用1份秋刀魚罐頭製作。

### 胡蘿蔔條

點心1

## 蘋果優格

材料

蘋果…10g
原味優格…20g

作法

**1** 將蘋果削皮、去芯後磨成泥。
**2** 在原味優格上放步驟**1**。



點心2

## 胡蘿蔔寒天

材料

胡蘿蔔…60g
柳丁…1/2顆
寒天粉…1g
水…2大匙

作法

**1** 將胡蘿蔔削皮並磨成泥。仔細清洗柳丁皮，將皮削乾淨後放在小盤上，用叉子等工具按壓擠出果汁。
**2** 將步驟**1**和水加入小鍋中並開中火，待煮滾之後轉小火加入寒天粉，攪拌均勻。
**3** 攪拌約2分鐘後離開火源，倒入容器中。
**4** 散熱之後，放入冷藏室中冰鎮30分鐘～1個小時，待凝固後切成1cm丁狀。

## Q 配合寶寶的喜好後，菜單就變得偏向單一

### A 增加和寶寶喜歡吃的食物的組合吧

雖然容易重複出現好幾次寶寶常吃的菜單，但過度偏向單一也不好。改變部分食材、改變調味、將寶寶喜歡吃的食材和其他食材組合在一起，就能逐漸增加變化。

## Q 寶寶一口都不吃的時候，持續餵到他吃比較好嗎？

### A 寶寶抗拒的時候，請不要堅持餵寶寶吃

當寶寶做出把臉轉開、用手甩開等抗拒動作時，不餵他吃也沒關係。盡量不要在寶寶心情不好的時候勉強他，等過一段時間冷靜下來時再餵吧。寶寶的心情如果比平常不好，請確認他的身體狀況是否有變化。

## Q 之前哥哥姐姐會吃，但寶寶卻不行

### A 請不要與其他孩子比較，爲寶寶學會的事開心

很多人會在意自己的寶寶和他的兄弟姊妹或其他寶寶相比之下不行，但沒有必要這麼做。和寶寶以前相比，為他新學會的事感到開心，樂觀地進行副食品很重要。就算現在做不到的事，總有一天也一定會學會。

## Q 寶寶會翻倒副食品拿來玩

### A 請冷靜地讓寶寶了解食物不是遊戲

由於寶寶的專注時間很短，有些孩子只要開始膩了，就會翻倒餐具或丟食物開始玩。這種時候，如果爸媽生氣或反應激烈，寶寶就會誤認為是在和他玩。因此，請冷靜下來問寶寶「吃飽了嗎？」，並安靜地撤走食物。這樣的話，寶寶也會漸漸了解吃飯不是遊戲，如果不吃就會結束用餐。

## Q 寶寶好像很喜歡嬰兒食品的口味，變得不吃我親手做的副食品

### A 請試著把嬰兒食品的調味當作手作副食品的參考

因為嬰兒食品是深入研究後製作而成的，調味或口感與一般的食物不同，所以可能符合寶寶的喜好。在後期變得可以使用醬油、味噌或鹽等少量調味料，所以請試著增加手作餐點的調味變化吧。另外，媽媽爸爸也要試吃嬰兒食品看看，研究寶寶喜歡什麼樣的調味也很好。

## Q 開始讓寶寶吃手指食物，但他好像不太會放進嘴巴

### A 寶寶變得很會吃以前都需要練習

用手抓食物吃的動作，因為需要協調眼睛和手和嘴巴的動作，反覆練習就會漸漸變厲害。剛開始請提供容易放入口中大小的食物，並觀察寶寶的狀況。當寶寶變厲害後，多加稱讚他也很重要。

## Q 擔心寶寶習慣吃手指食物後，能否學會用餐具吃

### A 吃手指食物也是使用餐具的前置練習

請放心，寶寶用手抓食物吃並不會妨礙餐具使用。因為寶寶用手抓食物吃，可以記住自己吃的食物份量和軟硬度，進而刺激腦部。這種學習方式也對使用餐具有幫助。在還沒開始使用餐具吃飯前，把餐具放在餐桌上，讓寶寶先進行抓握練習也可以。

## Q 每次都擦掉寶寶臉上和雙手的髒污比較好嗎？

### A 雖然爸媽可能會很在意，但請在餐後統一清潔乾淨

因為用手抓食物吃，寶寶的嘴巴周圍、手或衣服等會弄得非常髒，不過要是在用餐期間擦拭好幾次，有時候會妨礙寶寶專心吃飯。忍住在意的念頭，盡量在用餐結束後統一清潔乾淨吧。要是很在意寶寶雙手的髒汙，迅速幫他擦一下就OK。

## Q 爲了讓寶寶用手抓食物吃，大人不要餵他比較好嗎？

### A 請大人也要同時餵寶寶吃東西

只讓寶寶用手抓食物吃可能還很困難。在寶寶面前擺放好餐點，讓他伸手就能吃的狀態很重要，但大人也要同時配合用湯匙將食物送到寶寶嘴巴。

## Q 因爲同時準備大人的餐點和副食品，負擔變得很重

### A 運用分裝食譜，來減輕負擔吧

對於忙碌的媽媽・爸爸來說準備餐點很辛苦吧。運用從大人的料理分裝製作的副食品（→p.124），盡可能減輕負擔吧。不方便親手做的時候，大人料理就叫外送，或善用嬰兒食品來餵寶寶，不要太過勉強自己。

結束期
（1歲～1歲6個月）

# 本時期寶寶的狀況和食材參考份量

上下各長出4顆門牙，到1歲6個月左右就會開始長臼齒。
寶寶本身對食物的想法會漸漸表現得更強烈。

## 可以吃的食材

寶寶變得可以吃白飯，汆燙後的中式麵條也可以使用。雖說是結束期，但還不能跟大人吃一樣的食物。到3歲以前都必須要花心思在食材大小、軟硬度和味道上。

## 食材的軟硬度

在長臼齒以前，食材的軟硬度和後期幾乎相同，準備不費力就能咬的食物。長臼齒後，以肉丸的硬度作為參考基準。

## 發音參考

「嘎」、「咖」等發音變得清楚，也學會發出有意義的單字。寶寶說話逐漸對上物品的意思，所以可以讓寶寶在吃副食品的同時教他料理的名稱。

### 哺乳和副食品的1日行程範例

| | |
|---|---|
| 9：30 | 副食品 |
| 11：00 | 點心 |
| 13：00 | 副食品 |
| 15：00 | 點心 |
| 18：00 | 副食品 |

餵早、中、晚共3次副食品與1～2次點心。寶寶想喝奶的話，在餐後繼續餵奶也沒關係，但如果爸媽的目標是斷奶，就請慢慢減少一天中的哺乳次數，或只在晚上餵奶，讓寶寶逐漸習慣。

## 副食品結束期的建議

### 從餐點中取得大多數的營養

在這個時期，寶寶可以只從副食品和點心中獲得必要的營養成分。而點心是用來補足餐點中攝取不足的營養。不只是吃甜味高的食物或餅乾糖果，也要補充水果或乳製品。

### 可以咬碎有形狀的食物

寶寶的進食方式產生變化，變得可以使用門牙咬碎食物。用門牙咬食物，可以讓寶寶記住「一口的份量」。寶寶知道適合自己嘴巴的份量，對於學會咀嚼這件事也非常重要。

## 單份食材份量參考

**碳水化合物**

冷凍熟烏龍麵：105～130g
軟飯：90g
白飯：80g

**維生素**

胡蘿蔔：40～50g
菠菜：40～50g

**蛋白質**

白肉魚：15～20g
雞絞肉：15～20g
雞蛋：1/2～2/3顆
嫩豆腐：50～55g

※不同食材寫的是一餐的參考份量。並不是將所有食材用在一餐當中。

## 餵副食品的方法

### 繼續讓寶寶吃手指食物 也可以和父母一起坐在餐桌邊用餐

如果是使用可以調整高度的嬰兒餐椅，請配合用餐的餐桌進行調整，讓寶寶可以把手臂放上餐桌。繼續讓寶寶腳底維持剛好碰到腳踏板或地板的狀態。把餐點擺放在寶寶面前，讓他隨著自己的喜好用手抓著吃。另外，讓寶寶吃手指食物的同時，也讓他慢慢學習使用湯匙和叉子的方法吧。

結束期
（1歲～1歲6個月）

# 冷凍
# 輪替食材

1日3回

在結束期也請積極準備手指食物的食材。
製作時請注意方便用手抓取的大小和長度。

## 基礎周

### A 白飯　15份

作法

將白飯各裝80g到保存容器中。

### B 美味燉蔬菜①　6份

作法

**1** 將去除硬梗的高麗菜、剝好皮的洋蔥、外皮削乾淨的花椰菜梗、胡蘿蔔各60g切成1cm丁狀。

**2** 將步驟**1**和沒過食材的水加入小鍋中，蓋上蓋子後煮軟（先留下湯汁）。

**3** 分成6等分放入製冰盒中，再倒入湯汁。

### C 蔬菜菇菇燉菜①　6份

作法

**1** 將削好皮的90g白蘿蔔、60g的胡蘿蔔、去除根部的30g鴻喜菇、60g的青蔥切成1cm丁狀。

**2** 將步驟**1**和沒過食材的水加入小鍋中，蓋上蓋子後煮軟（先留下湯汁）。

**3** 分成6等分放入製冰盒中，再倒入湯汁。

### D 手抓胡蘿蔔　3份

作法

**1** 將削好皮的60g胡蘿蔔切成3cm寬的條狀。

**2** 汆燙煮軟步驟**1**。

**3** 瀝乾水分，分成3等分用保鮮膜包起來，再放入冷凍用保鮮袋中。

### E 手抓青花菜　4份

作法

**1** 將80g的青花菜分成小朵，切成容易用手抓取的大小。

**2** 汆燙煮軟步驟**1**。

**3** 瀝乾水分，分成4等分用保鮮膜包起來，再放入冷凍用保鮮袋中。

### F 肉丸　6份

作法

**1** 將90g的混合絞肉、1/2顆雞蛋、少許鹽加在一起揉勻，分成18等分後搓成1cm大小的圓球。

**2** 汆燙步驟**1**，將內部完全煮熟。

**3** 用保鮮膜包起來，再放入冷凍用保鮮袋中（1餐3顆）。

### G 香煎鯖魚　5份

作法

**1** 將100g的生鯖魚片去除魚骨和魚皮，切成5等分。

**2** 在步驟**1**上灑滿1大匙麵粉，再裹上1/2顆蛋液。

**3** 用氟素樹脂加工的平底鍋將步驟**2**的兩面煎熟。

**4** 用保鮮膜包起來，再放入冷凍用保鮮袋中。

### H 鮭魚碎肉　5份

作法

**1** 將100g的生鮭魚片蓋上保鮮膜並留出空隙，用微波爐加熱2分鐘。

**2** 去除魚骨和魚皮後，將鮭魚肉剝碎。

**3** 分成5等分用保鮮膜包起來，再放入冷凍用保鮮袋中。

## 變化周①

### A 白飯 15份

作法

用和基礎周A（→p.96）一樣的方式準備。

### B 美味燉蔬菜② 6份

作法

1 將去掉蒂頭、籽和外皮的彩椒、茄子、櫛瓜、洋蔥各60g切成1cm丁狀。
2 將步驟1和沒過食材的水加入小鍋中，蓋上蓋子後煮軟（先留下湯汁）。
3 分成6等分放入製冰盒中，再倒入湯汁。

### C 蔬菜菇菇燉菜② 6份

作法

1 將削好皮的90g蓮藕、60g的胡蘿蔔、去除根部的30g金針菇、60g的青蔥切成1cm丁狀。
2 將步驟1和沒過食材的水加入小鍋中，蓋上蓋子後煮軟（先留下湯汁）。
3 分成6等分放入製冰盒中，再倒入湯汁。

### D 手抓南瓜 3份

作法

1 將削好皮、去籽和棉狀纖維的60g南瓜切成3cm寬的條狀。
2 汆燙煮軟步驟1（盡量不要過度加熱以防南瓜散掉）。
3 瀝乾水分，分成3等分用保鮮膜包起來，再放入冷凍用保鮮袋中。

### E 手抓蘆筍白蘿蔔 4份

作法

1 將削好皮的60g白蘿蔔切成3cm長的條狀。從綠蘆筍嫩莖往下3cm處切下20g的份量。
2 在小鍋中加入白蘿蔔和沒過食材的水，汆燙煮軟之後，再加入綠蘆筍煮熟。
3 瀝乾水分，分成4等分用保鮮膜包起來，再放入冷凍用保鮮袋中。

### F 豬肉丸 6份

作法

1 將90g的豬絞肉、1/2顆雞蛋、少許鹽加在一起揉勻，分成18等分後搓成1cm大小的圓球。
2 汆燙步驟1，將內部完全煮熟。
3 用保鮮膜包起來，再放入冷凍用保鮮袋中（1餐3顆）。

### G 奶油香煎鰤魚 5份

作法

1 將100g的鰤魚片去除魚骨、魚皮和血合肉（深色魚肉），順著纖維紋路方向斜切成5等分。
2 在步驟1上灑滿1大匙麵粉。
3 在平底鍋中放1大匙奶油，將步驟2的兩面煎熟。
4 用保鮮膜包起來，再放入冷凍用保鮮袋中。

### H 櫻花蝦毛豆 5份

作法

1 汆燙200g的毛豆莢，將毛豆從豆莢中取出。
2 將步驟1切成約一半大小，去除明顯的薄膜。
3 和2大匙櫻花蝦加在一起，分成5等分後用保鮮膜包起來，再放入冷凍用保鮮袋中。

## 變化周②

### A 白飯 15份

作法

用和基礎周A（→p.96）一樣的方式準備。

### B 美味燉蔬菜③ 6份

作法

1 將去除外皮和籽的80g番茄、35g的彩椒、80g的洋蔥、去掉根部的45g蘑菇全部切成1cm丁狀。
2 將步驟1和沒過食材的水加入小鍋中，蓋上蓋子後煮軟（先留下湯汁）。
3 分成6等分放入製冰盒中，再倒入湯汁。

### C 蔬菜菇菇燉菜③ 6份

作法

1 將90g的小松菜菜葉、60g削好皮的胡蘿蔔、30g的舞菇、60g的青蔥切成1cm丁狀。
2 將步驟1和沒過食材的水加入小鍋中，蓋上蓋子後煮軟（先留下湯汁）。
3 分成6等分放入製冰盒中，再倒入湯汁。

### D 手抓彩椒 3份

作法

1 將削好皮的60g彩椒切成3cm寬的條狀。
2 汆燙煮軟步驟1（盡量不要過度加熱以防彩椒變爛）。
3 瀝乾水分，分成3等分後用保鮮膜包起來，再放入冷凍用保鮮袋中。

### E 手抓豆角 4份

作法

1 將80g的豆角剝掉粗絲，汆燙煮軟。
2 瀝乾水分，分成4等分後用保鮮膜包起來，再放入冷凍用保鮮袋中。

### F 雞肝雞肉排 6份

作法

1 仔細清洗10g的雞肝、去除血塊後，浸泡在適量牛奶中約10分鐘後，用流水仔細清洗並切碎。
2 將步驟1和60g的雞絞肉、1/2顆雞蛋、少許鹽加在一起揉勻，分成6等分並整形成橢圓形。
3 用氟素樹脂加工的平底鍋將步驟2的兩面煎熟。
4 用保鮮膜包起來，再放入冷凍用保鮮袋中。

### G Q彈竹筴魚丸 5份

作法

1 用菜刀拍打100g的竹筴魚片，放入調理盆後加1小匙片栗粉（太白粉）並搓揉均勻。
2 將步驟1分成15等分後搓圓，汆燙魚丸並將內部完全煮熟。
3 用保鮮膜包起來，再放入冷凍用保鮮袋中（1餐3顆）。

### H 蛤蜊 5份

作法

1 將200g的帶殼蛤蜊用濃度5%的適量食鹽水浸泡半天吐沙，用水仔細搓洗摩擦外殼。
2 將蛤蜊放入附蓋平底鍋中，加2～3大匙水後開中火。
3 待煮滾之後轉小火，等到所有貝殼打開後就離火。
4 取出貝肉切一半，分成5等分並放入製冰盒中，再倒入少量的水。

一 早上

基礎周

## 鮭魚起司吐司

材料
H 鮭魚碎肉…1份
吐司（切成6片）…1片
起司片…1片

作法
1 將H用微波爐加熱20秒。將起司片切成3等分。
2 將吐司切邊後切成3等分。
3 在步驟2上放步驟1中的H後，再放上起司用烤吐司機烤2分鐘。

## 青花菜與小番茄沙拉

材料
E 手抓青花菜…1份
小番茄…1顆

作法
1 將E用微波爐加熱20秒。
2 去除小番茄的蒂頭並切成4等分，和步驟1加在一起。

※為了防止小番茄卡住喉嚨，請一定要切碎使用。

變化周 1

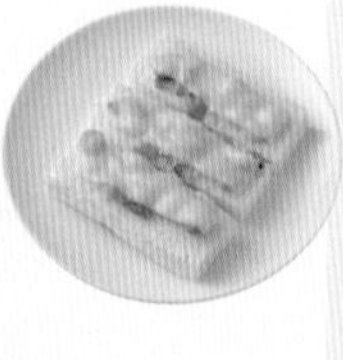

## 櫻花蝦毛豆起司吐司

將H改用櫻花蝦毛豆製作。

## 蘆筍白蘿蔔與小番茄沙拉

將E改用手抓蘆筍白蘿蔔製作。

變化周 2

## 蛤蜊起司吐司

將H改用蛤蜊製作。

## 豆角與小番茄沙拉

將E改用手抓豆角製作。

一 中午

## 基礎周

### 海苔粉白飯

材料
A 白飯…1份
海苔粉…少許

作法
1 將A用微波爐加熱1分30秒。
2 灑上海苔粉。

### 燉煮蔬菜拌味噌

材料
C 蔬菜菇菇燉菜①…1份
味噌…少許

作法
在C中加入味噌，用微波爐加熱1分鐘後，攪拌均勻。

### 肉丸

材料
F 肉丸…1份

作法
將F用微波爐加熱40秒。
※讓寶寶用手抓著吃也OK。

## 變化周 1

### 海苔粉白飯

### 燉煮蔬菜拌味噌（變化蔬菜）

將C改用蔬菜菇菇燉菜②製作。

### 豬肉丸

將F改用豬肉丸製作。

## 變化周 2

### 海苔粉白飯

### 燉煮蔬菜拌味噌（變化蔬菜）

將C改用蔬菜菇菇燉菜③製作。

### 雞肝雞肉排

將F改用雞肝雞肉排製作。

一 晚上

基礎周

## 歐姆蛋蓋飯

材料

A 白飯…1份

B 美味燉蔬菜①…1份

番茄醬…少許

雞蛋…2/3顆

牛奶…1大匙

作法

1 將A用微波爐加熱1分30秒，將B加熱1分鐘，和番茄醬加在一起後攪拌。

2 在蛋液中加入牛奶並攪拌。

3 將步驟2用微波爐加熱1分鐘，稍微攪拌後放到步驟1上。

變化周 ❶

## 歐姆蛋蓋飯（變化蔬菜）

將B改用美味燉蔬菜②製作。

變化周 ❷

## 歐姆蛋蓋飯（變化蔬菜）

將B改用美味燉蔬菜③製作。

**基礎周**

## 燕麥粥

材料
燕麥片…30g
牛奶…80ml

作法
在燕麥片中加牛奶後，用微波爐加熱1分鐘。

## 鮪魚與美味燉蔬菜

材料
**B** 美味燉蔬菜①…1份
水煮鮪魚罐頭…15g

作法
將**B**用微波爐加熱1分鐘後，與鮪魚罐頭攪拌。

**變化周 ❶**

## 燕麥片

## 鮪魚與美味燉蔬菜（變化蔬菜）

將**B**改用美味燉蔬菜②製作。

**變化周 ❷**

## 燕麥片

## 鮪魚與美味燉蔬菜（變化蔬菜）

將**B**改用美味燉蔬菜③製作。

二 中午

基礎周

## 白飯

材料
A 白飯…1份

作法
將A用微波爐加熱1分30秒。

## 鯖魚燉蔬菜

材料
C 蔬菜菇菇燉菜①
…1份
G 香煎鯖魚
…1份
醬油…少許

作法
1 將C用微波爐加熱1分鐘後，用醬油調味。
2 將G用微波爐加熱30秒，切成容易入口的大小後放到步驟1上。

變化周 ❶

## 白飯

## 鰤魚燉蔬菜

將C改用蔬菜菇菇燉菜②、G改用奶油香煎鰤魚製作。

變化周 ❷

## 白飯

## 竹筴魚丸燉蔬菜

將C改用蔬菜菇菇燉菜③、G改用Q彈竹筴魚丸製作。

## 基礎周

### 白飯

材料

**A** 白飯…1份

作法

將**A**用微波爐加熱1分30秒。

### 和風肉丸

材料

**F** 肉丸…1份

砂糖…少許

醬油…少許

作法

在**F**整體淋上砂糖和醬油，用微波爐加熱40秒。

### 小黃瓜拌芝麻

材料

小黃瓜…1/2根

鹽…少許

白芝麻粉…1/4小匙

作法

**1** 將小黃瓜削皮後，切成3cm長的條狀。

**2** 在步驟**1**中加鹽搓揉，用白芝麻粉拌勻。

## 變化周 ①

### 白飯

### 和風豬肉丸

將**F**改用豬肉丸製作。

### 小黃瓜拌芝麻

## 變化周 ②

### 白飯

### 和風雞肝雞肉排

將**F**改用雞肝雞肉排製作。

### 小黃瓜拌芝麻

# 輪替食譜

三 早上

## 基礎周

### 焗烤風鮭魚飯

材料
- A 白飯…1份
- B 美味燉蔬菜①…1份
- H 鮭魚碎肉…1份
- 起司片…1/4片
- 鹽…少許

作法
1. 將A用微波爐加熱1分30秒，將B加熱1分鐘，將H加熱20秒。
2. 攪拌步驟**1**，用鹽調味。
3. 將起司片切成1cm的方形，放在步驟**2**上。

### 草莓丁

材料
草莓…1顆

作法
去除草莓的蒂頭後，切成4等分。

## 變化周 ①

### 焗烤風櫻花蝦毛豆飯

將B改用美味燉蔬菜②、H改用櫻花蝦毛豆製作。

### 草莓丁

## 變化周 ②

### 焗烤風蛤蜊飯

將B改用美味燉蔬菜③、H改用蛤蜊製作。

### 草莓丁

基礎周

## 料多御好燒

材料
B 美味燉蔬菜①…1份
麵粉…3大匙
雞蛋…2/3顆
水…1/2大匙
海苔粉…少許
柴魚片…適量

作法
1 將B用微波爐加熱1分鐘，加入麵粉、雞蛋、水後攪拌均勻。
2 將步驟1倒入氟素樹脂加工的平底鍋中，並將兩面煎熟。
3 將御好燒切成條狀，灑上海苔粉和柴魚片。

變化周①

## 料多御好燒（變化蔬菜）

將B改用美味燉蔬菜②製作。

變化周②

## 料多御好燒（變化蔬菜）

將B改用美味燉蔬菜③製作。

三 晚上

基礎周

## 柴魚片白飯

材料
A 白飯…1份
柴魚片…少許

作法
1 將A用微波爐加熱1分30秒。
2 灑上柴魚片。

## 肉丸與燉蔬菜拌味噌

材料
C 蔬菜菇菇燉菜①…1份
F 肉丸…1份
味噌…少許

作法
1 將C用微波爐加熱1分鐘，將F加熱40秒。
2 將步驟1加在一起後，用味噌拌勻。

變化周 ❶

## 柴魚片白飯

## 豬肉丸與燉蔬菜拌味噌

將C改用蔬菜菇菇燉菜②、F改用豬肉丸製作。

變化周 ❷

## 柴魚片白飯

## 雞肝雞肉排與燉蔬菜拌味噌

將C改用蔬菜菇菇燉菜③、F改用雞肝雞肉排製作。

基礎周

## 鮭魚飯

材料
A 白飯…1份
H 鮭魚碎肉…1份

作法
1 將A用微波爐加熱1分30秒，將H加熱20秒。
2 混合步驟1。

## 青花菜拌豆腐

材料
E 手抓青花菜…1份
嫩豆腐…1小匙
柴魚片…1把

作法
1 將E用微波爐加熱20秒後，用嫩豆腐拌勻。
2 灑上柴魚片。

變化周 1

## 櫻花蝦毛豆飯

將H改用櫻花蝦毛豆製作。

## 蘆筍白蘿蔔拌豆腐

將E改用手抓蘆筍白蘿蔔製作。

變化周 2

## 蛤蜊飯

將H改用蛤蜊製作。

## 豆角拌豆腐

將E改用手抓豆角製作。

# 輪替食譜

四 中午

## 基礎周

### 白飯

材料
A 白飯…1份

作法
將A用微波爐加熱1分30秒。

### 香煎鯖魚

材料
G 香煎鯖魚…1份

作法
將G用微波爐加熱30秒。

### 蔬菜湯

材料
C 蔬菜菇菇燉菜①…1份
高湯醬油…少許
※將少許嬰兒食品中的和風醬油混入高湯醬油鐘使用也OK。

作法
將C用微波爐加熱1分鐘，加入高湯醬油後攪拌。

## 變化周 1

### 白飯

### 奶油香煎鰤魚

將G改用奶油香煎鰤魚製作。

### 蔬菜湯（變化蔬菜）

將C改用蔬菜菇菇燉菜②製作。

## 變化周 2

### 白飯

### Q彈竹筴魚丸

將G改用Q彈竹筴魚丸製作。

### 蔬菜湯（變化蔬菜）

將C改用蔬菜菇菇燉菜③製作。

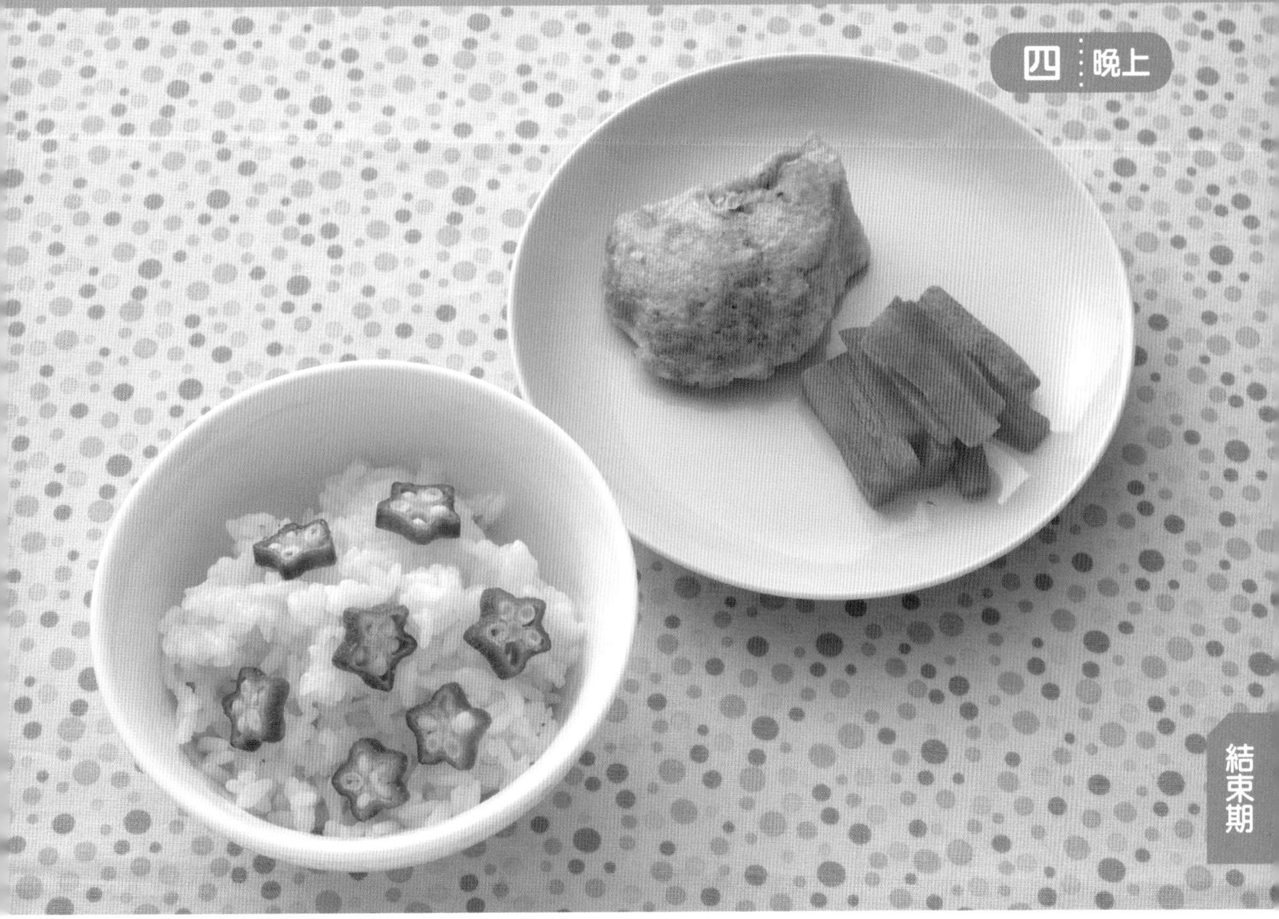



## 基礎周

### 秋葵飯

材料

A 白飯…1份

秋葵（去除蒂頭）…2cm左右

作法

1 將A用微波爐加熱1分30秒，將秋葵加熱30秒。

2 將秋葵切片後放在A上。

### 香煎鯖魚與胡蘿蔔條

材料

D 手抓胡蘿蔔…1份

G 香煎鯖魚…1份

作法

將D、G用微波爐加熱50秒。

## 變化周 1

### 秋葵飯

### 奶油香煎鰤魚與南瓜條

將D改用手抓南瓜、G改用奶油香煎鰤魚製作。

## 變化周 2

### 秋葵飯

### Q彈竹筴魚丸與彩椒條

將D改用手抓彩椒、G改用Q彈竹筴魚丸製作。

# 輪替食譜

五 早上

## 基礎周

### 吐司

材料

吐司（切成6片）…1片

作法

1 將吐司切邊後，切成8等分的長條狀。
2 用烤吐司機烤1分30秒左右。

### 肉丸

材料

F 肉丸…1份

作法

將F用微波爐加熱40秒。

※讓寶寶用手抓著吃也OK。

### 胡蘿蔔拌芝麻

材料

D 手抓胡蘿蔔…1份
白芝麻粉…1/4小匙

作法

將D用微波爐加熱20秒後，用芝麻粉拌勻。

## 變化周 1

### 吐司

### 豬肉丸

將F改用豬肉丸製作。

### 南瓜拌芝麻

將D改用手抓南瓜製作。

## 變化周 2

### 吐司

### 雞肝雞肉排

將F改用雞肝雞肉排製作。

### 彩椒拌芝麻

將D改用手抓彩椒製作。

五 中午

結束期

基礎周

## 白飯

材料

A 白飯…1份

作法

將A用微波爐加熱1分30秒。

## 鮭魚薯球

材料

H 鮭魚碎肉…1份
馬鈴薯…40g

作法

1 將馬鈴薯削皮，用微波爐加熱1分鐘，再用叉子或搗碎器壓碎馬鈴薯。
2 將H用微波爐加熱20秒，和步驟1一起攪拌後整形成橢圓形。

## 義式蔬菜湯

材料

B 美味燉蔬菜①…1份
番茄汁…1/2大匙
嬰兒食品用法式高湯粉…少許

作法

將B用微波爐加熱1分鐘，加入番茄汁・嬰兒食品用法式高湯粉後攪拌。

變化周 ❶

## 白飯

## 櫻花蝦毛豆薯球

將H改用櫻花蝦毛豆製作。

## 義式蔬菜湯（變化蔬菜）

將B改用美味燉蔬菜②製作。

變化周 ❷

## 白飯

## 蛤蜊薯球

將H改用蛤蜊製作。

## 義式蔬菜湯（變化蔬菜）

將B改用美味燉蔬菜③製作。

五 晚上

基礎周

## 納豆飯

材料
A 白飯…1份
納豆…20g

作法
1 將A用微波爐加熱1分30秒。
2 在納豆中淋上少許附贈醬汁，攪拌後放到A上。

## 料多南瓜湯

材料
C 蔬菜菇菇燉菜①…1份
南瓜…5g

作法
1 將南瓜削皮後去除籽和棉狀纖維，用微波爐加熱30秒後，再用湯匙或搗碎器壓碎南瓜。
2 將C用微波爐加熱1分鐘後，和步驟1加在一起。

變化周 ❶

## 納豆飯

## 料多南瓜湯（變化蔬菜）

將C改用蔬菜菇菇燉菜②製作。

變化周 ❷

## 納豆飯

## 料多南瓜湯（變化蔬菜）

將C改用蔬菜菇菇燉菜③製作。

基礎周

## 香蕉吐司

材料

吐司（切成6片）
…1片
香蕉（較細的）
…1/3根

作法

**1** 將吐司切邊，切成8等分的長條狀。
**2** 將香蕉剝皮，切片後放到步驟**1**上，再用烤吐司機烤2分鐘左右。

## 歐姆蛋與青花菜

材料

雞蛋…2/3顆
鹽…少許
E 手抓青花菜
…1份

作法

**1** 將蛋打散，加鹽。
**2** 在熱好鍋的氟素樹脂加工平底鍋中倒入步驟**1**並煎熟。
**3** 將E用微波爐加熱20秒，放到步驟**2**旁邊。

變化周 ①

## 香蕉吐司

## 歐姆蛋與蘆筍白蘿蔔

將E改用手抓蘆筍白蘿蔔製作。

變化周 ②

## 香蕉吐司

## 歐姆蛋與豆角

將E改用手抓豆角製作。

六 中午

基礎周

## 鯖魚手抓飯

材料
A 白飯…1份
D 手抓胡蘿蔔…1份
E 手抓青花菜…1份
G 香煎鯖魚…1份

作法
1 將D、E、G一起用微波爐加熱1分鐘，將A加熱1分30秒。
2 用菜刀將D、E切碎，用筷子將G弄碎。
3 混合A和步驟2。

變化周 1

## 鰤魚手抓飯

將D改用手抓南瓜、E改用手抓蘆筍白蘿蔔、G改用奶油香煎鰤魚製作。

變化周 2

## 竹筴魚丸手抓飯

將D改用手抓彩椒、E改用手抓豆角、G改用Q彈竹筴魚丸製作。

基礎周

## 胡蘿蔔飯

材料
A白飯…1份
胡蘿蔔…20g

作法
1 將A用微波爐加熱1分30秒。
2 將胡蘿蔔削皮、磨成泥後，趁A還未冷卻前一起攪拌。

## 黏呼呼肉丸湯

材料
F 肉丸…1份
和布蕪…2大匙
高湯（→p.19）…1大匙
味噌…少許

作法
1 將F用微波爐加熱40秒。
2 將和布蕪、高湯、味噌混合後，放到步驟1上。

變化周 ❶

## 胡蘿蔔飯

## 黏呼呼豬肉丸湯

將F改用豬肉丸製作。

變化周 ❷

## 胡蘿蔔飯

## 黏呼呼雞肝雞肉排湯

將F改用雞肝雞肉排製作。

日 早上

基礎周

## 鯖魚咖哩

材料
A 白飯…1份
C 蔬菜菇菇燉菜①
…1份
G 香煎鯖魚…1份
咖哩粉…少許
番茄醬…1/4小匙

作法
1 將A用微波爐加熱1分30秒，將C加熱1分鐘，將G加熱30秒。用筷子將G弄碎。
2 在C中加入咖哩粉、番茄醬、G後攪拌，和A加在一起。

變化周 ❶

## 鰤魚咖哩

將C改用蔬菜菇菇燉菜②、G改用奶油香煎鰤魚製作。

變化周 ❷

## 竹筴魚丸咖哩

將C改用蔬菜菇菇燉菜③、G改用Q彈竹筴魚丸製作。

基礎周

## 鮭魚炒麵

材料

中式麵條…1包
B 美味燉蔬菜①…1份
H 鮭魚碎肉…1份
鹽…少許
芝麻油…少許
碎海苔…適量

作法

1 將中式麵條用比包裝標示更長的時間煮熟，瀝乾水分後切成2cm長。
2 將B用微波爐加熱1分鐘，將H加熱30秒。
3 在步驟1中加入B、H攪拌，再加入鹽和芝麻油再次攪拌。盛盤，依個人喜好灑上碎海苔。

變化周 1

## 櫻花蝦毛豆炒麵

將B改用美味燉蔬菜②、H改用櫻花蝦毛豆製作。

變化周 2

## 蛤蜊炒麵

將B改用美味燉蔬菜③、H改用蛤蜊製作。

日 晚上

基礎周

## 菠菜飯

材料
A 白飯…1份
菠菜…10g

作法
1 將A用微波爐加熱1分30秒。
2 汆燙菠菜，浸泡冷水後擰乾。切成1cm寬，和步驟1加在一起。

## 肉丸燉蘿蔔泥

材料
F 肉丸…1份
白蘿蔔…30g

作法
1 將白蘿蔔削皮、磨成泥後用微波爐加熱1分鐘。
2 將 F 用微波爐加熱30秒後，放在步驟1上。

變化周 ❶

## 菠菜飯

## 豬肉丸燉蘿蔔泥

將F改用豬肉丸製作。

變化周 ❷

## 菠菜飯

## 雞肝雞肉排燉蘿蔔泥

將F改用雞肝雞肉排製作。

點心1

## 甜薯

材料

地瓜…30g
牛奶…1/2大匙
蛋黃…適量

作法

1 將地瓜削皮後切成1cm寬，汆燙煮軟。
2 瀝乾水分，趁熱用叉子壓碎，再加入牛奶攪拌。
3 整形成地瓜的形狀，在表面用刷子塗上打散的蛋黃。
4 用烤箱烤30秒左右，直到表面蛋黃熟透。



點心2

## 義式南瓜麵疙瘩點心

材料

南瓜…30g
低筋麵粉…1又1/2大匙
砂糖…1/2小匙
低筋麵粉（手粉）…適量

作法

1 將南瓜削皮，去除籽和棉狀纖維後切成1cm寬，汆燙煮軟。
2 瀝乾水分，趁熱用叉子壓碎南瓜，加入低筋麵粉和砂糖後攪拌。
3 在砧板上灑手粉，將步驟**2**搓揉成棒狀後切成2cm長。
4 整形成橢圓形，用叉子壓出痕跡。（做成日本古代金幣「小判」的形狀）。
5 用熱水汆燙步驟**4**，待浮起後取出並瀝乾水分。

點心3

## 芝麻黃豆粉筆管麵

材料

筆管麵…15g

A
- 白芝麻粉…1小匙
- 黃豆粉…1小匙
- 砂糖…1/2小匙

作法

**1** 將筆管麵用比包裝標示更長的時間煮熟。

**2** 將材料**A**全部混合後，灑在步驟**1**上。

點心4

## 米粉蒸麵包

材料

米粉…30g

砂糖…1/2小匙

泡打粉…1/4小匙

牛奶…2又1/2大匙

作法

**1** 將所有材料放入調理盆中，用打蛋器攪拌。

**2** 將步驟**1**分成2等分倒入矽膠杯中，用蒸籠蒸10分鐘。為了防止水蒸氣滴落，用布巾包住蓋子後再蒸。

**3** 插入竹籤，沒有麵團沾黏就可取出。

※沒有蒸籠時，也可以改成放入平底鍋中（在矽膠杯的外側），將熱水倒入矽膠杯的1/3高度左右，再蓋上蓋子蒸熟的方法製作。

# 嬰兒食品變化食譜

忙碌的日子就用方便的市售嬰兒食品。擔心只吃嬰兒食品營養不均衡時，
就用冷凍食材試著添加變化看看吧！

嬰兒食品變化①

在容易缺乏蛋白質的燉飯中
加入肉、魚或雞蛋！

## 竹筴魚丸番茄燉飯

作法

將1份G Q彈竹筴魚丸（→p.97）用微波爐加熱30秒後，和市售的寶寶番茄燉飯加在一起。

嬰兒食品變化②

在容易缺乏黃綠色蔬菜的
奶油義大利麵中
加入青花菜或胡蘿蔔！

## 奶油義大利麵附碎青花菜

作法

將1份E手抓青花菜（→p.96）用微波爐加熱20秒後切碎，再和市售的寶寶奶油義大利麵加在一起。

※請選擇適合各副食品階段的嬰兒食品與添加食材。

結束期

## Q 寶寶吃飯時總是很容易不專心

### A 想讓寶寶專心用餐，也要在視覺上花心思

請確認寶寶餐桌附近的物品，避開用餐時不必要的物品。例如，關掉電視和會發出聲音的東西，或是把玩具收起來不讓寶寶看見。另外，有時寶寶好像會很在意餐具類上畫的卡通角色。換成沒有圖案的餐具並維持簡單的外觀，讓寶寶專心面對餐點吧。

## Q 寶寶好像很喜歡吃水果，可以餵他吃不同種類的水果嗎？

### A 水果也要從少量開始，避免酵素含量高的水果

雖然容易像吃點心一樣不設防地餵寶寶吃水果，但由於生的水果也有過敏風險，所以寶寶沒吃過的水果請從少量開始嘗試。還有第一次吃時，加熱後再餵會更安全。鳳梨或芒果等熱帶水果的酵素含量高，會對寶寶身體產生負擔，所以請避免在副食品期食用。

## Q 因爲寶寶偏食，有些食材不管怎樣都不吃

### A 不要勉強寶寶克服，先增加寶寶能吃的食物吧

雖然花費心思把寶寶討厭的食物切碎混合，努力讓寶寶吃下去是好事，但要是他連這樣也不吃，卻勉強他吃的話，可能會因此變得更討厭那種食材。長大成人前可能還會有機會吃到，所以現在最好往增加其他可以吃的食材的方向努力。

## Q 寶寶喜歡吃點心，變得一天想吃好幾次

### A 切忌餵太多零食，請維持零食和三餐的平衡

嬰兒時期的點心扮演著增加吃飯樂趣，與補足3餐中缺乏的熱量的角色。但是如果寶寶想吃就給太多零食，會讓寶寶變得沒辦法把飯吃完，也是導致肥胖或偏食的原因。跟寶寶約好「今天就吃這些。明天再吃吧！」，並遵守1天的份量，注意不要過度餵食。

## Q 用餐時可以讓寶寶喝東西嗎？

### A 可以給寶寶不含咖啡因的麥茶或冷開水

從母乳和配方奶之外，寶寶也可以從副食品中所含有的水分來補充水分。到了逐漸減少哺乳次數的時期，就開始讓寶寶練習喝東西吧。剛開始請提供不含咖啡因的麥茶，或煮沸之後冷卻的開水。用餐時喝太多飲料會稀釋胃液，所以盡量不要讓他喝太多。建議在流汗後喝。

## Q 寶寶吃飯 要花上1個小時，這樣也沒關係嗎？

### A 如果寶寶看起來很有食欲的話就沒關係

每個寶寶都有自己不同的步調，所以如果寶寶想慢慢地吃，就讓他繼續也沒關係。要是寶寶用餐到一半分心，就請幫寶寶調整好用餐的姿勢與周遭環境，讓他能夠專心。

## Q 可以在 白飯上灑香鬆嗎？

### A 可以使用 符合寶寶月齡的產品

因為大人用的香鬆中含有許多鹽分和添加物，基本上最好避免。如果是符合寶寶月齡的嬰兒食品，在結束期餵寶寶吃也沒有問題。

## Q 斷奶和結束副食品 一起進行比較好嗎？

### A 請依照寶寶的步調 來進行判斷

並沒有規定幾歲以前要斷奶。有很多孩子因為喜歡胸部，所以一直會想喝奶，要是突然斷奶，寶寶也會因此變得很難過。沒有必要配合副食品畢業而勉強寶寶斷奶，最好自然地一點點減少哺乳次數。

## Q 寶寶好像不太會咬肉 而迴避吃肉

### A 請花點心思 把肉做得更好咬

可能是因為肉質太硬或肉的纖維讓寶寶無法順利咬斷。在肉上沾片栗粉（太白粉）後再汆燙，就能減少肉類纖維收縮。肉丸則試著加入豆腐後煮軟餵看看吧。

## Q 從副食品畢業之後，寶寶就可以和大人 吃一樣的食物了嗎？

### A 會轉換到 更進一階的幼兒餐

寶寶就算從副食品畢業，也還無法完全和大人吃一樣的食物。而是轉換到幼兒餐並持續到5歲左右。寶寶就能吃比結束期時更大、更硬的食物，不過考量到健康與發展，最好採取控制鹽分與脂肪的清淡飲食。

Column

## 從大人的料理
# 分裝副食品

在準備給大人吃的料理的過程中分裝的話，就能簡單製作副食品。
確認p.23的基礎知識後，趕快試做看看吧！

大人的料理

## 馬鈴薯燉肉

材料（2人份）
牛五花肉…100g
馬鈴薯…200g
胡蘿蔔…50g
洋蔥…100g
沙拉油…1/2大匙
醬油…2大匙
砂糖…1/2大匙
味醂…1/2大匙
高湯(→p.19)
…200ml

作法
1 將馬鈴薯、胡蘿蔔、洋蔥去皮，切成容易入口的大小。
2 在鍋中倒入沙拉油，用中火炒牛五花肉，加入步驟1後繼續拌炒。
3 待肉片整體出油後，加入高湯、醬油、砂糖、味醂後轉小火煮15分鐘左右。

### 分裝副食品的做法

**中期**
從步驟2中分裝馬鈴薯、胡蘿蔔、洋蔥，並將洋蔥再次切碎。放入小鍋中並加入沒過食材的水，燉煮到軟爛為止。壓碎馬鈴薯、胡蘿蔔。

**後期** **結束期**
從步驟2中分裝馬鈴薯、洋蔥、胡蘿蔔，並切成容易入口的大小。

 ※分裝副食品的份量，請參考各副食品時期的「單份食材份量參考」或食譜中標示的份量。

大人的料理

# 鯖魚菠菜肉醬咖哩

材料（2人份）
水煮鯖魚罐頭…1個
菠菜…1/2包
洋蔥…1/4顆
番茄罐頭…1/2個
咖哩塊…2人份
沙拉油…1/2大匙
白飯…適量

作法
**1** 將菠菜清洗乾淨後汆燙，浸泡冷水後擰乾。切成1cm寬。將洋蔥去皮、切末。
**2** 在平底鍋中倒沙拉油，用中火炒洋蔥。加入步驟**1**、鯖魚罐頭後繼續拌炒。
**3** 倒入咖哩塊包裝上所標示的水量、咖哩塊、番茄罐頭後，煮到小滾。
**4** 把飯盛到容器中並淋上步驟**3**。

分裝副食品的做法

中期

從步驟**1**中分裝切碎的蔬菜後再次切碎，放入小鍋中並加入沒過食材的水，燉煮到軟爛為止。加入浸泡過熱水的15g的水煮鮪魚罐頭。

後期 結束期

到步驟**3**時只加水，在加入咖哩塊和番茄罐頭前汆燙後分裝。

從大人的料理

# 分裝副食品

大人的料理

## 肉醬義大利麵

材料（2人份）

義大利麵…200g
混合絞肉…200g
洋蔥…1/4顆
胡蘿蔔…20g
青椒…1顆
番茄罐頭…1/2個
麵粉…1大匙
鹽…1/2小匙
中濃醬汁（註）
…1大匙
乾燥巴西里…少許

作法

**1** 將洋蔥、胡蘿蔔去皮，去除青椒的蒂頭、籽和外皮後切碎。

**2** 在氟素樹脂加工的平底鍋中，用中火翻炒混合絞肉，在整體絞肉上灑麵粉。拌勻之後，加入步驟**1**並繼續拌炒。

**3** 加入番茄罐頭後煮到小滾。

**4** 用鹽、醬料來調味。

**5** 在鍋中加入大量的水、適量的鹽（不在食譜含量中），煮義大利麵。瀝乾水分，盛盤後淋上步驟**4**，灑乾燥巴西里。

分裝副食品的做法

**中期**

從步驟**1**中分裝洋蔥、胡蘿蔔後再次切碎，放入小鍋中並加入沒過食材的水，煮軟。加入混合絞肉後煮熟。

**後期**

從步驟**3**中分裝適量食材，用比包裝標示更長的時間煮義大利麵後，切成5mm長。

**結束期**

從步驟**3**中分裝適量食材，加少許的鹽。用比包裝標示更長的時間煮義大利麵後，切成1cm長。

大人的料理

# 博多風味烏龍麵

材料（2人份）
烏龍麵…2團
南瓜…50g
白蘿蔔…50g
青蔥…1/4根
胡蘿蔔…20g
鴻喜菇…1/4個
油豆腐…1片
高湯（→p.19）
…800ml
味噌…2大匙

作法

1 去除南瓜的籽和棉狀纖維後，將胡蘿蔔、白蘿蔔削皮並切成容易入口的大小。斜切青蔥。去除鴻喜菇的根部後，分成小朵。將油豆腐切成長條狀。

2 在鍋中倒入高湯並開中火，加入除了冷凍熟烏龍麵和味噌以外的所有材料。

3 待煮滾之後轉小火，蓋上蓋子將材料煮軟並燉煮入味。

4 待蔬菜煮軟之後，加入冷凍熟烏龍麵、味噌繼續燉煮入味。

分裝副食品的做法

**中期**

從步驟**3**中分裝油豆腐以外的食材並切碎。

**後期**

在步驟**4**用比包裝標示更長的時間煮熟冷凍熟烏龍麵，分裝除了油豆腐以外的食材。將冷凍熟烏龍麵切成1～2cm長，將其他食材切碎，給寶寶吃不含湯的料理。如果不讓寶寶用手抓著吃，就要將冷凍熟烏龍麵也切碎，再加入高湯（不在食譜含量中）。

**結束期**

在步驟**4**用比包裝標示更長的時間煮熟冷凍熟烏龍麵後，和食材一起分裝。將冷凍熟烏龍麵切成1～2cm長，將其他食材切成1cm丁狀。給寶寶吃不含湯的料理，或是把湯汁用熱水稀釋成2倍左右。

※請在分裝後去除南瓜外皮。

監修

## 伊東優子

和光助產院院長・助產師


來自日本大分縣。畢業於慈惠看護專門學校、東京都立醫療技術短期大學(現東京都立大學)助產學系。曾任職於東京都立築地產院(值勤分娩室、NICU、GCU)、東京都立墨東醫院(值勤分娩部門、M-FICU、手術室)、私人醫院四年、Aqua Birth House(助產院)五年，由於聽到地方居民「能在和光市生產的地方很少」的心聲，移居並設立和光助產院。以「比現在再更努力一點點」為座右銘，創立不限於懷孕・生產・育兒，所有世代都能愉快交流的「地區之家」，目標是努力打造讓女性可以在兼顧工作與育兒的環境。也致力於產前・產後照護。監修多本書籍如《助產院×貓森咖啡店 160道安產料理》（樂活文化出版）、《孕期的輕鬆美味料理》(暫譯)(日本 マイナビ出版)等。

日本助產師協會 會員／日本母乳協會 會員／新生兒心肺復甦術 專業課程講師

料理監修

## 櫻井麻衣子

管理營養師・料理家


畢業於服部營養專門學校，在日本紅十字會醫療中心負責調理治療餐與副食品。從事菜單設計工作。其後致力於食譜開發、書籍監修以及執筆撰寫營養專欄，也經營料理教室。在《最開心的懷孕・生產BOOK》(暫譯)(日本 成美堂出版)一書，負責餐點指導。


TITLE

零負擔百變營養副食品

STAFF

| | |
|---|---|
| 出版 | 瑞昇文化事業股份有限公司 |
| 監修 | 伊東優子　櫻井麻衣子 |
| 譯者 | 涂雪靖 |
| 總編輯 | 郭湘齡 |
| 責任編輯 | 張聿雯 |
| 文字編輯 | 徐承義 |
| 美術編輯 | 許菩真 |
| 排版 | 二次方數位設計　翁慧玲 |
| 製版 | 明宏彩色照相製版有限公司 |
| 印刷 | 桂林彩色印刷股份有限公司 |
| 法律顧問 | 立勤國際法律事務所　黃沛聲律師 |
| 戶名 | 瑞昇文化事業股份有限公司 |
| 劃撥帳號 | 19598343 |
| 地址 | 新北市中和區景平路464巷2弄1-4號 |
| 電話 | (02)2945-3191 |
| 傳真 | (02)2945-3190 |
| 網址 | www.rising-books.com.tw |
| Mail | deepblue@rising-books.com.tw |
| 初版日期 | 2023年2月 |
| 定價 | 380元 |

ORIGINAL JAPANESE EDITION STAFF

| | |
|---|---|
| デザイン | 鷹觜麻衣子 |
| 撮影 | 武井メグミ |
| イラスト | 三角亜紀子 |
| 校正 | みね工房 |
| 編集 | 株式会社　童夢<br>石原佐希子（株式会社マイナビ出版） |

國家圖書館出版品預行編目資料

零負擔百變營養副食品/伊東優子, 櫻井麻衣子監修；涂雪靖譯. -- 初版. -- 新北市：瑞昇文化事業股份有限公司, 2023.02
128面；18.2X25.7公分
譯自：がんばりすぎない離乳食
ISBN 978-986-401-610-5(平裝)
1.CST: 育兒 2.CST: 小兒營養 3.CST: 食譜

428.3　　111021408





GAMBARISUGINAI RINYUSHOKU supervised by Yuko Ito, cooking supervised by Maiko Sakurai



Original Japanese edition published by Mynavi Publishing Corporation
This Traditional Chinese edition is published by arrangement with Mynavi Publishing Corporation, Tokyo in care of Tuttle-Mori Agency, Inc., Tokyo, through Keio Cultural Enterprise Co., Ltd., New Taipei City.